卷首推荐语

（1）精彩且轻松……《适宜步行的城市》读起来既让人愉快又让人热血沸腾，书中布满了令人吃惊的统计数据。

——卡琳·罗森加滕，《信使邮报》（查尔斯顿）

（2）"城市是人类的未来，杰夫·斯佩克知道如何让城市满足人类未来的需求。

——大卫·欧文，《纽约客》特约撰稿人，《绿色都市》的作者。

（3）"是时候在城市生活倡导者的名单中加入新的名字了，那就是杰夫·斯佩克……他对城市修复进行了专门的、逐渐深入的研讨，而这种研究正当其时，像一个和蔼可亲的主持人一样的斯佩克来做这件事尤为值得期待。"

——塔拉斯·格瑞斯科，《环球世界》（多伦多）

（4）"《适宜步行的城市》是宜居城市及其背后鲜为人知的价值的意味深长的颂歌。"

——保罗·戈德伯格，建筑评论家，普利策奖获得者，《建筑为什么重要》的作者。

（5）"杰夫·斯佩克是这一领域罕见的能用 300 页左右的篇幅描述一个基本的规划概念而仍然感觉其回味无穷的实践者和作者。要从规划的角度了解美国城市的理念和日常生活，毫无疑问，就是这本书了。"

——《规划》杂志

（6）"假如你是一个专业的规划师或规划的倡导者，《适宜步行的城市》便是一个新的且必要的参考材料，假如你新接触这个领域，除了这本书没有更好的推荐了。"

——安琪·施密特，《街道博客》

（7）"杰夫·斯佩克的精彩绝妙的和趣味十足的著作唤醒了我们，在美国，特例也能够很容易变成一个规则。如何寻求一个强有力和具有实操性的愿景，使我们的城市再现辉煌，对市长、规划师和市民而言，现在这一切都有了答案。"

——约瑟夫·P·赖利，南卡罗来纳州查尔斯顿市市长

（8）"对于市长、规划师、建筑师和其他所有关心城市未来的人来说《适宜步行的城市》是一本公民行动指南，充满了洞察力、幽默感和常识。"

——马丁·C·佩德森，《大都会》杂志

（9）"友善且坦诚，杰夫·斯佩克引导我们以新的视角审视社区，他逐渐证明都市生活及场所营造理论与实践的精髓就是可步行性。其实例切合直觉又蕴含智慧，并发出这样的疑问：为什么在这么长的时间里，我们都没有正确理解这些修复城市的基本原则。"

——哈利特·特里戈宁，全国精明增长网的创始人

国外城市规划与设计理论译丛

适宜步行的城市

——营造充满活力的市中心拯救美国

Walkable City——How Downtown Can Save America, One Step at a Time

[美] 杰夫·斯佩克　著

欧阳南江　陈明辉　范源萌　译

中国建筑工业出版社

著作权合同登记图字：01-2015-4650号

图书在版编目（CIP）数据

适宜步行的城市——营造充满活力的市中心拯救美国 /
[美] 斯佩克著；欧阳南江，陈明辉，范源萌译 . — 北京：
中国建筑工业出版社，2016.4
　（国外城市规划与设计理论译丛）
　ISBN 978-7-112-19350-9

　Ⅰ.①适…　Ⅱ.①斯…②欧…③陈…④范…　Ⅲ.①市中
心—城市规划—研究—美国　Ⅳ.①TU984.16

中国版本图书馆CIP数据核字（2016）第081923号

责任编辑：段　宁　董苏华　徐晓飞
书籍设计：京点制版
责任校对：陈晶晶　党　蕾

国外城市规划与设计理论译丛
适宜步行的城市
——营造充满活力的市中心拯救美国
[美] 杰夫·斯佩克　著
欧阳南江　陈明辉　范源萌　译
＊
中国建筑工业出版社出版、发行（北京西郊百万庄）
各地新华书店、建筑书店经销
北京京点图文设计有限公司制版
北京建筑工业印刷厂印刷
＊
开本：787×1092毫米　1/16　印张：12¾　字数：253千字
2016年6月第一版　2020年6月第三次印刷
定价：48.00元
ISBN 978-7-112-19350-9
　　（27666）
版权所有　翻印必究
如有印装质量问题，可寄本社退换
（邮政编码 100037）

目　　录

译者序

翻译这本书源于 2013 年《同舟共济》杂志一篇由旅美学者薛涌所写的文章，标题是"美国的'回城潮'说明了什么"。其核心是"美国近年兴起的'回城潮'折射出了 21 世纪最酷的城市不再是以'招商引资'为核心，而是想方设法集聚人才、留住人才。由人才跟着企业走，变成企业追着人才走"。其原因在于后工业时代的白领产业集聚和工业时代的制造业集群相当不同。制造业是流水线上的巨型工业组织，员工围绕着机器进行重复性劳动，几乎被化约为机械手，其个人技能的复杂性比起中世纪手工匠人都差了许多，自然更谈不上创意了。公司组织异常复杂，但公司中的劳工所从事的工作却简单得如同操作"傻瓜相机"。这样的产业集群是公司间的集群。白领经济则是高知识、高科技型的，严重依赖个人的创意。各种人才面对面互动、碰撞出多学科的火花，成为竞争力之关键。所以，白领产业集群，是各种人才的集群。因此，工业时代和后工业时代的城市发展策略有本质的不同。工业时代，城市的竞争力在于如何吸引企业，即招商引资。人是不重要的——大量流水线上的简单工作，一个高中没有毕业的人都可以承担。劳动力如同机械部件一样可以随时被替换，所以只要大企业肯来安营扎寨，创造就业机会，劳动力就会接踵而至，人追着企业走。而后工业社会，企业则依赖人才，追着人才走。因此，最近几十年来西方发达国家在谋划城市发展战略时，强调的是城市的宜居性，保证素质最好的人愿意选择在这里生活，哪怕为此牺牲招商引资。从长远看，高素质的人在哪里汇聚，企业就追到哪里。高素质的人看一个城市，往往先看城市的环境状况、孩子学校的教育质量、文化品位等等。[1] 布鲁金斯研究所城市经济学家克里斯托弗·莱茵贝格尔则一针见血地指出"所有经济发展的策略，比如发展生物医药产业集群、航空航天产业集群及其他时髦的发展策略，都无法与建设一个适宜步行的城市的作用相比拟"。

作为世界工厂的珠三角，尤其东莞也在积极推进转型升级的策略，希望由当前主要依靠大量农民工、贴牌加工的产业集群转向以自主创新、高端制造为主的产业形态。作为城市规划人员，自然思考一个问题，在这种转变中，城市应该做怎样的转变呢？薛涌提到

1　上述观点引自薛勇"美国'回城潮'说明了什么"，《同舟共济》2013.11，总第 305 期，P28-30。

一个解决方案，即建设宜居城市。宜居城市是 2000 年以来美国城市发展的热门话题之一。当然，这种讨论并不局限于宜居城市的建设对城市经济发展的作用，而是基于美国进入后工业社会时期后，在产业转型、人口结构变化（婴儿潮出生人口步入老年，"千禧一代"逐步成为社会中坚）和追求可持续发展理念的背景下对美国战后大规模郊区化、以汽车为导向的城市发展方式的集体反思。其中，涌现了一批有远见的学者、思想家，发表了一批影响深远的学术成果。如《郊区国家——蔓延的兴起与美国梦的衰落》（安德烈斯·杜安伊，伊丽莎白·普拉特－兹伊贝克，杰夫·斯佩克）；《新城市主义宪章》（迈克尔·穆罗莱切塞，凯萨琳·麦考密克，罗伯特·戴维斯，谢莉 R. 帕奇编）；《美国大都市政治学，郊区新现实》（美伦·奥菲尔德，布鲁斯·凯兹）；《场所营造，开发建设城市中心，主要街道和传统邻里》（查尔斯 C. 博尔）；《城市化的选择：投资于新的美国梦》（克里斯托弗·莱因贝格尔）；《你属哪座城》（理查德·弗罗里达）；《精明增长指南》（安德烈斯·杜安伊，杰夫·斯佩克）；《大逆转和美国城市的未来》（艾伦·浩特）。这与 50 年前简·雅各布斯出版《美国大城市的死与生》时的曲高和寡形成鲜明对比。在当今的中国城市，宜居也是热门话题，新型城镇化突出以人为本，提升城市的宜居性更是今后城市发展建设的基本要求。在宜居城市的建设中，借鉴西方国家，尤其美国的经验教训适合中国的国情吗？

我们认为很有必要，至少有两方面的原因：其一在于城市发展社会经济环境的变化。新常态下我国经济超高速增长时代结束了，服务经济超过工业经济，科技创新成为引领发展的第一动力，移动互联网正在改变和颠覆传统领域，后工业社会已悄然向我们走来，沿海发达地区和中西部的中心城市已开始谋划，迎接后工业时代的到来；人口红利开始消失，老龄化提前到来；资源环境约束不断加大，绿色低碳发展成为必然趋势。其二在于改革开放以来虽然我国践行了有中国特色的城市发展道路，城市化水平大幅提高，城市建设取得巨大成就；但同时也自觉不自觉地受到以汽车为导向，大规模向郊区、原有农村扩张开发模式的深刻影响。城市规划建设强调机动化、宽马路、大广场，大尺度的功能分区，超大尺度的街区、体量巨大的建筑。主流的规划教科书和国家、地方的规划和建筑规范，也主要遵循上述理念。可以说我国城市发展目前所遇到的社会、经济和环境方面的挑战，都与机动化和郊区蔓延的城市开发模式有深刻的关联。

而杰夫·斯佩克的《适宜步行的城市》正是在美国转向后工业社会、人口结构变化、可持续发展的背景下，应对美国机动化、郊区化发展所产生的困境而提出的解决方案。杰夫·斯佩克数十年来致力于研究如何通过城市规划和设计使城市变得更加宜居，发展得更加成功。有四年的时间，他专门负责美国国家艺术基金会设计部门的工作，曾经与几百名市长并肩共事，协助解决市长们在城市规划中最迫切需要解决的问题。经过多年的研究和实践，他发现这些问题的解决都离不开城市的可步行性。城市的可步行性，是市民健康生活、城市财富增加以及可持续发展的支点。步行性的影响广泛而深远，只要把适宜步行这件事做好，城市中的其他问题都将迎刃而解。

　　本书分为两大部分，第一部分阐述了建设适宜步行城市的重要性。作者揭示了21世纪美国城市经济发展、人口健康、绿色低碳发展和城市步行性之间的关系，指出追求财富、健康和可持续是将城市建设得适宜步行的根本原因。第二部分讨论如何建设步行城市，从实现步行的效用、安全、舒适、乐趣四大方面回答了如何建设适宜步行城市，并将这四大方面拓展为十个步骤。

　　此外本书还有以下的特点，一是语句生动风趣、流畅，可读性强。虽然是讨论城市设计的话题，但全书从头到尾没有一张图，可见其文字叙述的功夫；二是资料丰富、翔实。为了说明问题引用了大量资料，包括书籍、文章和报道、广播，电影电视和幻灯片及图像。书中列出的参考资料共计248份，其中书籍39本，文章和报到181篇，广播、电视、电影和幻灯6份，讲座和会议材料8份，网站13个，图片1张；注释125处。三是观点新颖，书中有许多切合实际但又违反直觉的观点。如关于交通诱导需求，"从平均水平看，每增加10%的车道里程，会诱增4%的驾驶里程，不出几年这个增长比例就会攀升10%——达到新的道路容量"；市中心路边停车合理收费可以提高沿街商铺的营业收入；道路瘦身——将标准的四车道改为三车道，每个方向各留一个车道，中间车道用来左转——会显著提高道路通行能力，还释放出道路空间建设步行道；再如他对设计洛杉矶迪士尼音乐厅的盖里等明星建筑师的批判等……

　　正是由于上述原因，《适宜步行的城市》英文版于2012年出版后便成为亚马逊网站城市规划和城市发展方面最畅销的图书。相信这本书对于城市的决策者、规划师、建筑师和其他关心新常态下我国城市如何发展的人产生醍醐灌顶的启迪和切实的帮助。

　　翻译出版这本书是集体努力和智慧的结果。翻译工作分为三个阶段。第一阶段全文翻译初稿，由欧阳南江、陈明辉、范源萌、陈冬梅、冯嘉旋、徐舒苑、梁笑琼、何慧、李勇辉共同完成；第二阶段的工作由欧阳南江、陈明辉、范源萌、冯嘉旋、梁笑琼、李淦波、吴非、李勇辉、黎海波、何慧完成，在第二阶段中欧阳南江组织翻译小组成员进行了多次讨论，对文中的疑难句进行了反复琢磨深入探讨，力求使译稿尽量贴切表达原文含义，由此形成译文的第二稿；最后由欧阳南江对整个译稿进行进一步的校对润色。在整个翻译工作中团队成员付出了大量的心血和劳动，但由于译者水平有限，文中难免有不妥之处，恳请广大读者指正。本书可以顺利出版还要感谢中国建筑工业出版社给予的指导和帮助，最后，谨对提供帮助、支持本书出版工作的单位和个人表示衷心的感谢。

另外说明，为了保持原著风貌，书中单位均保留英制而不换算成公制，并按国内读者阅读习惯编排章节。

欧阳南江　陈明辉　范源萌

2015 年 12 月

于松山湖

序　言

　　这不是关于美国城市研究的又一本巨著，没有必要对城市研究的思路再进行研究。目前，关于城市讨论的重点不应该纠结于对未来发展趋势判断的对错或是应采取哪种指导思想，而应该把焦点放在社区建设存在思想认识与实践完全脱离这一议题上。

　　早在 30 年前，我们就已经知道如何做才能让我们的城市变得更加宜居（在那之前，我们对这个问题忽视了近 40 年），然而到今天我们还是不清楚如何做才能真正使城市更加宜居。简·雅各布斯在 1960 年完成的《美国大城市的死与生》到 20 世纪 80 年代征服了大量的城市规划师。然而，城市规划师还没有用她的理念来征服城市。

　　的确，有些大城市是宜居的。如果你居住在纽约、波士顿、芝加哥、旧金山、波特兰或者其他一些较为特殊的地方，你会有信心，因为这些城市已经向着宜居的方向发展。但这些地方是特例，在大多数美国人生活的中小城市里，地方官员的日常决定往往使生活更糟。这不是因为规划得不好，而是因为缺乏规划，或者更准确地说是因为决策与规划脱节。规划师曾经误入歧途很多年，现在其中许多人虽已洗心革面，却又被忽视了。

　　尽管如此，本书并不是讨论规划这个专业，也不是讨论规划本身，而是试图简单描述美国大多数城市存在的问题以及解决办法。这本书的用意不是讨论城市为何成为城市，或者如何成为城市，而是重点讨论什么对城市最为重要。即决定一个城市是否宜居的最关键因素就是其是否适宜步行性。

　　城市的适宜步行性是一个城市发展的目标和手段，更是一种测度标准。步行会产生许多的经济和社会效益，但更重要的是步行性给城市增添了活力，同时也是体现城市活力的指标。我用了几十年时间重新设计了一些城市，试图让这些城市变得更加宜居，发展得更加成功。而现在，我的视角逐渐聚焦到城市的适宜步行性这个议题，因为步行性的影响大，而且体现了城市中其他许多因素。只要把适宜步行性这件事做好，城市中的其他的问题也将迎刃而解。

　　这个讨论很有必要，因为从中世纪开始，不知是有意还是无意，大多数美国城市实际上都变成了不适宜步行的区域。由于缺乏长远的眼光和管制，城市工程师们盲目追求顺畅的交通和宽阔的停车场，已经使市中心易于到达却不值得光顾。与过时的——通常由郊区开发生搬硬套过来的分区和建筑法规相对应的是毫无魅力的街景和不利于社会和谐的私人建筑，形成了一个不安全、不舒适、单调乏味的公共区域。越来越多的美国民众倾向于选择传统的城市生活方式时，城市中心却不再欢迎他们的归来。结果，个别有远见的城市吸引了绝大部分居住在郊区的年轻居民以及有经济实力可随处安家的空巢家庭。然而，美国大多数中等规模城市却走向衰落。

普罗维登斯、大急流城和塔科马港市怎么能比得上波士顿、芝加哥和波特兰这样的城市？或者说得现实点，普通的美国城市怎样提供有品质的生活以吸引人们在此居住？对于这个问题，人们给出了许多答案，但所有答案都忽视了设计。事实上只要综合运用简单的设计修复，就可以扭转实施了数十年的看起来合理，但结果却适得其反的政策和实践，从而将美国引入"街道生活"的新时代。

修复工作的确为步行者创造了争取利益的机会，而且鼓励自行车出行，强化使用公共交通，使市中心的生活对更广泛的居民产生吸引力。这样的改进通常花费不多，有时候仅仅需要点黄色油漆便可。每项修复工作都会带来变化，积少成多就可改变一个城市和当地居民的生活。

除非其他普通的城市能从纽约和旧金山这些大城市中汲取成功经验同时避免错误，否则即使这些大城市在某一方面误入歧途，却仍然能够继续吸引全国最好的资源。规划师看重的是普通城市，因为美国最终不是由少数几个特殊的城市带入"城市的世纪"，而是所有的城市共同推行使城市变得宜居的最有效的实践——通过步行将人们联系在一起。

步行性研究的一般理论

作为一名城市规划师，我从事新区建设规划和旧区改造提升。20 世纪 80 年代末以来，我接手了近 75 个项目，涵盖城市、乡镇、村落、新区和旧区的规划改造。到现在为止，那些项目中只有三分之一左右业已建成或正在实施，这虽然听起来很糟糕，但就规划落地的平均水平而言，已经算是不错的成绩。这让我既能收获惊喜，又能从失误中学习。

其间，有四年时间我专门负责美国国家艺术基金会设计部门的工作，协助主持一个叫作"市长城市设计研究所"的项目，目的在于把城市的领导者和设计师召集在一起，就城市规划问题进行密集的研讨。每两个月，我们将 8 名市长和 8 名设计师集中在美国某地会面，闭关两天，试图解决每位市长在城市规划方面所面临的最迫切问题。[1] 可以想象，每次面对 1 名市长，四年来和几百名市长并肩共事，这样的工作历练意义非凡，在我的职业生涯中绝无仅有。

我专攻城市中心规划。每接手一个市中心规划项目，我喜欢和家人一起搬去那个城市至少住一个月，这样做有很多理由。首先，能提高出行和安排会议的效率，这两件事往往耗时耗力，成本不菲。其次，这能让你真正了解一个地方，记住每一幢建筑，每一条街道和每一个街区。此外，你还可以通过喝咖啡、参加家庭晚餐、在社区酒吧小酌，以及街头偶遇这类机会，熟悉当地人的生活。这些非会议式的接触，恰恰能够搜集到最有价值的信息。

这些都是非常实在的理由，但在一个城市居住一段时间的主要原因还是要体验当地市民的日常生活。穿梭于酒店和会场之间完全无法获得这样的体验。真正的日常生活是送小孩上学，顺路把衣服拿去干洗，然后上班工作、走出办公室吃午餐、下班去健身或者去买点生活用品、晚上回家后散散步或者饭后喝杯啤酒，周末邀请外地的朋友来家里做客，或带他们到中心广场欢聚一夜。这些只是作为非规划师的市民众多日常生活中的一部分。而我也想体验一下。

几年前，我在为马萨诸塞州洛威尔做规划时，和几个高中时期的老友在梅里马克街一起吃饭。这是个招人喜爱的建于 19 世纪老城中心。我们有四个大人，一个在婴儿车里刚蹒跚

---

1 这一项目始于 1986 年，服务了近 1000 名市长，取得了引人瞩目的成果。详细信息可查阅网站：micd.org。

学步的小孩，还有我妻子腹中即将出世的胎儿。从餐馆出来我们要穿过一条街，等信号灯的时候大家都沉浸在了谈话之中。过了大概一分钟之后我们才看到按钮指示牌，于是我们按了下按钮，谈话又在等待中进行了一分钟左右，指示灯仍然没有亮。最后我们放弃了等待，自行穿越马路。就在这时，一辆轿车从路的转角处飞驰而来，当时的车速差不多有每小时45英里——飞奔在这条为了使交通顺畅而被扩宽的马路上。

结果虽然是幸运躲过一劫，但还是心有余悸。推婴儿车乱穿马路必定会有当坏父母的感觉，特别是还遇到了这样危险的突发情况。唯一的安慰是我的职责就是做一些和这件事有关的工作。

在我写这本书时，我和我的家人又上路了，不过这次是去罗马。新出生的宝宝用婴儿背带背在身后，之前学步的小孩，现在可以按照自己的喜好和地势情况一会儿坐婴儿车，一会儿步行。把这次在罗马的经历与之前的洛威尔对比，或者更切合地说是和美国大多数城市的步行体验作对比着实有趣。

第一眼看罗马，会感觉这个城市的步行环境很不友好，缺少很多东西。一半的街道没有人行道，大多数的交叉口没有人行横道，路面不平坦且有车辙，几乎没有无障碍坡道，丘陵多（我听说有7座），更不用说车行道了。

虽然如此，我们还是加入了熙熙攘攘的步行人群中，分不清哪些是外地游客，哪些是当地居民。我们沿着台伯河岸区行走，差不多是踮着脚在走。但是我们很享受在此漫步的分分秒秒，这条杂乱无章，充满障碍物的道路对步行者来说有着强大的吸引力。罗马最近被旅游杂志《孤独行星》的读者们评选为全球前十大步行城市之一。罗马人很少开车，我们的一个来当地美国大使馆工作的朋友，出于习惯，刚到罗马的时候买了一辆轿车，现在车停放在他的后院成为鸽子们的玩伴。

这种喧嚣的城市景观并不符合美国传统测度步行友好性的任何指标，但它确实是一个步行者的天堂。那这又该作如何解释？诚然，就营造步行环境而言，阿纳托尔·布落雅（Anatole Broyard）[1] 关于"（罗马）是一个充满诗意的城市"的观点作出一些解释。《孤独星球》的排名与真正考虑步行者舒适度相比更像是一个噱头，但是同样的历史建筑如果以更加现代的美国方式布局，却几乎不可能吸引步行者（想象一下拉斯维加斯，它的步行指数只有54分[2]）。罗马、威尼斯、波士顿、旧金山、巴塞罗那、阿姆斯特丹、布拉格、巴黎以及纽约之

1　美国作家、评论家，《纽约时报》编辑，（1920.6-1990.11）。

2　满分为100分，详细信息见下文的步行指数——Walk Score 的介绍。

所以如此适宜步行是我们规划师所说的空间组织决定的，即街道、街区和建筑物之间的联系。尽管有很多技术上的败笔，但总体来看，罗马的城市空间组织无疑是一流的。

然而许多城市进行步行性研究时，都忽视了空间组织这个城市设计的关键因素。原因在于步行性的讨论局限于建设充足且具有魅力的步行设施，而不是建设一个适宜步行的城市。关于步行设施的建设从来不缺少相关文献，即使是在步行性研究的前沿领域也只关注改善步行的通达性和安全性，如多伦多新区 [1]。这些尝试是有益的，但是不够充分。类似的还有城市美化运动，例如 20 世纪 80 年代备受关注的"5B"原则——用砖块（bricks），横幅（banners），露天舞台（bandstands），路界护栏（bollards）和路堤（berms），使许多曾经衰败的城市中心重现魅力。[1]

我们投入了大量资金和人力去修缮人行道，安置十字路口信号灯、街灯以及垃圾桶，这些设施到底对居民的步行有多重要？假如步行涉及的仅仅是建设安全的步行区域，那么为什么在 20 世纪 60 年代和 70 年代，利用 150 多条主街改建的步行街很快就衰落了呢？[2] 很明显，对步行而言，仅仅安全和漂亮是不够的。

步行群体是一种非常脆弱的物种，如同在煤矿里生存的金丝雀。如果条件得当，步行的人数将大幅度增长。但是，营造这样的环境需要遵循一系列的标准规范，实现的难易程度各不相同。充分列举并理解这些准则需要耗费毕生精力，这已成为我的工作，需要不断完善。宣称已经完成这一工程是自大的，但由于自己已投入很多时间做这个工作，我认为把我目前研究的成果跟大家进行交流是有价值的。这个研究试图解释太多的问题，我把它们统称为"步行性研究的一般理论"。

"步行性研究的一般理论"要解释什么——简单来说，步行要满足四个主要的条件：有用性，安全性，舒适性和有趣性。每一个条件所包含的内容都至关重要，且缺一不可。"有用"意味着大部分日常生活设施都集中在附近，而且可以借助步行方便地到达。"安全"意味着通过街道的设计防止步行者被机动车冲撞；不仅要保证行人的安全，还要让行人有安全感，这一点更加难以实现。"舒适"意味着通过对建筑物和景观的塑造，使街道成为"户外起居室"，而不是使街道成为一个通常对行人没有吸引力的空荡荡的开敞空间。"有趣"意味着沿街建筑风格各异，立面怡人，充满人情味。

上述四个条件，总体上反映了对步行环境的一系列具体要求，可以进一步细化为我提出的"实现步行性的十个方法"。后面的章节中将作进一步解释。我相信上述方法汇合在一

1　见 www.janeswalk.net。

起为如何使城市变得更加适宜步行提供了一套完整的解决方案。

　　但是，首先我们必须明白适宜步行的城市不只是一个美好和理想化的理念，而且是简单又切合实际、针对社会许多复杂问题的解决方案。这些问题不断地破坏国家的经济竞争力、公共福利和环境的可持续发展。出于这个原因，这本书的重点与其说是从设计角度提出对策，倒不如说是从本质上呼吁大家对这个问题给予重视。下一章我们将讨论为何城市的适宜步行性如此重要。

第一篇

为什么强调建设适宜步行城市的重要性

导　言

虽然从未正式宣称过，但许多美国城市建设和改建的出发点就是阻止人们的步行行为。不断拓宽的马路、缩减和萧条的人行道、被砍掉的树、汽车外卖店，以及众多规模达10英亩的停车场将许多街道简化成为不适宜步行生活的机动车区域。步行生活的可行性沦于理论层面。

有时候，产生这种变化的原因非常突兀。举个例子，在迈阿密，人们不明白为什么住宅区的十字路口要那么宽：两条相对狭窄的街道交汇在一大片用沥青铺设的宽敞区域，穿过这样的路口需要用很长的时间。而原因竟是消防员工会曾经达成协议，派出的消防车乘坐的消防员不能少于四个，这当然有利于社区安全，更有利于消防员的工作保障。但是能够乘坐四个人的只有云梯消防车，因此，多年来迈阿密的低层住宅不得不按照高层建筑的消防要求设置道路的转弯半径。[1]

在不相关专业人士以及特殊利益群体可以决定我们社区事务的今天，上述轶事也就不足为奇了。现在这个世界上有太多可以花钱雇佣的专家做出忽视准则规范、超出职业范围的事情了。学校和公园部门极力主张建设数量少但规模大的设施，因为这样的设施容易维护，并且够排场。公共事务部门强调根据清扫积雪和垃圾的需要来设置新的社区。交通运输局建设新的道路来缓解正是由于道路建设的无序蔓延而带来的交通问题。上述每一种做法，在理想状态下都似乎正确，但在现实的城市中确实错误的。

如果要让城市发挥应有的功能，城市需要由"通才"来规划，就像之前的城市那样。"通才"们懂得合并公园意味着能够步行到达公园的人数减少，以大型卡车为中心构建的基础设施和公共服务设施并不宜人。最后"通才"们开始明白，拓宽道路只能带来更大的交通流量。

最重要的是，"通才"——比如规划师，当然你也希望市长们——会关注城市政府日常运作中通常被忽视的核心问题——什么样的城市有助于经济的复苏？什么样的城市可以世世代代可持续发展？

这三个问题：财富、健康和可持续性，并非巧合，也是将城市建设的更适宜步行的三个根本理由。

第一章　步行，城市的优势

步行的一代人；人口结构的变化趋势；步行性的红利

许多我服务过的城市问我同样的问题："我们如何才能够吸引公司和居民，尤其是年轻人和创业人才？"在密歇根州的大急流城时，我的客户是该市的一些大慈善家，他们问的是另外的问题："如何才能防止我们的子子孙孙离开这个城市呢？"

答案很明显，那就是让城市能够提供他们需要的那种环境。调查显示（看起来我们需要调查的数据）创意阶层，尤其是其中的千禧一代特别钟情于具有街道生活的社区，而街道生活是一种只能源于良好步行性的步行文化。

狐狼世界（Wolverine World Wide）是 Merrel 和 Patagonia 两个户外鞋类用品的制造商，其西密歇根总部位于缺乏街道生活的郊区，创意型的员工频频跳槽，使公司管理者感到困扰。但这不是公司自身的问题，而是因为大多数新入职员工的配偶认为，即使西密歇根人以开放和友好著称，他们也根本无法融入当地的社交场景。这到底是怎么回事呢？原来这里的社交生活只能借助汽车才能进行，因而必须有人发出邀请。由于缺乏步行文化，城市没有提供把偶遇转化为友谊的机会。

当狐狼世界成立新的服装部门时，他们决定选址在俄勒冈州的波特兰。

从那个时候起，狐狼世界与西密歇根其他三个顶级公司在大急流城的市中心建设了创新中心。按照狼狐世界总裁兼首席执行官布莱克·格尔的说法，一个能吸引并留住千禧一代创意阶层的创新中心，需要"充满活力的城市节奏。在市中心，他们处于更有创意的生活、工作和娱乐环境，在郊区他们只能困在那里。"现在这个创新中心聚集了十几个不同品牌的设计师和产品开发人员。

对于许多公司来说，卫星城也不能满足其需求。拥有 150 名员工的 Brand Muscle 从俄亥俄州绿树成荫的 Beachewood 小镇移到了克利夫兰市中心。部分原因是要满足二十多岁员工的要求。员工克里斯汀夸耀她现在的城市生活："从我们的公寓只需步行 5 英尺就可以到餐馆用餐或购物。我们所有的活动空间、运动场所和音乐厅都集中在一个适宜步行的范围 [1]"。

1　大卫·巴内特（David Barnett），《克利夫兰城市中心的复活》。美国联合航空公司刚刚将 1300 名员工从伊利诺斯州埃尔克格罗夫镇郊区调迁到芝加哥市中心。[弗兰·斯贝尔曼（fran Spielman）"美联航在市中心新增 1300 个工作岗位"]

无独有偶，同样的情况也发生在圣路易斯的布法罗，甚至包括已经陷入困境的底特律。

步行城市已经开始积累的经济优势可以归结于三个关键的因素。首先，对于某些特定年龄段的人群，主要是年轻的"创意阶层"而言，传统的城市生活更有吸引力；他们当中许多人对其他地方一点也不感兴趣。第二，如今人口结构正在发生着巨大的变化，预示着喜欢传统城市生活的人口将占主导，由此产生的需求在未来数十年将居高不下。第三，选择步行的生活方式对这些家庭而言可以节省大量的开支，而大部分的结余又在当地消费了。我将逐一分析这三个因素。

1.1   步行的一代人

20 世纪 90 年代，当我在迈阿密的 DPZ（一家城乡规划公司）[1] 工作时，每个人都开车上班。乘坐公共交通工具或者骑自行车是行不通的——等车要耗费很长的时间，骑自行车更是危险至极。由于公共汽车耗时长，而骑自行车危险至极，乘坐公交或骑自行车完全行不通。在最近的几次行动中我们了解到，即使公交和骑自行车的状况没有什么改善，但相当一部分年轻设计师现在还是骑车或乘公共汽车上下班。

这些人与那些已经将有机物堆肥箱放入办公室厨房的人是同一类，难道这仅仅是个别现象吗？

原来，20 世纪 90 年代末以来，20 多岁的美国人占行车总里程的比例已经从 20.8% 下降到了 13.7%。如果观察一下青少年，可以预计到未来的变化会更显著。19 岁注销自己驾照的年轻人数量比 20 世纪 70 年代末增加了两倍，占比从 8% 增加到 23% [1]。这种变化有助于我们审视 20 世纪 70 年代末美国景观是如何改革的。当时大多数美国青少年可以步行去学校、商店和足球场，与如今以汽车为中心的蔓延形成了鲜明的对比。

这种趋势早在 2008 年经济衰退和随后油价飙升就开始了，而且被认为是一种文化现象，而不是经济现象。全球市场咨询公司 J.D. Power[2]（几乎没有参与反机动车的游说）报道说"青少年在网上的讨论表明，汽车作为必需品的看法和拥有小汽车的欲望发生了变化"。[2] 在《汽车的大重置》（The Great Car Reset）中，理查德·佛罗里达（Richard

---

1 DPZ 是 Duany-Plater Zyber 公司的缩写。此公司由杜安伊（Andres Duany）和伊莉莎白·普拉特 - 兹伊贝克（Elizabeth Plater-Zyberk）创建，这两位同我一起完成《郊区国家》这本书。

2 J. D. Power 建立于 1968 年，是一家全球性的市场咨询公司，主要就顾客满意度，产品质量和消费者行为等方面进行独立公正的调研。

Florida）注意到"现在的年轻人不再把小汽车看作必要的支出或个人自由的保障。事实上，正好相反，越来越多的年轻人认为没有自己的车和房子是实现更大的灵活性、更多选择及个人独立的途径。"[3] 这种出行趋势的变化只是整个城市发展变化的一小部分，与小汽车无关但与城市有关，与年轻的专业人士如何看待自己与城市的关系有关，尤其在与他们的前辈做比较时。

作为出生在"婴儿潮"末期的人，我差不多是看三个电视节目长大的：《盖里甘的岛》（Gilligan's Island），《脱线家族》（The Brady Bunch）和《鹧鸪家庭》（The Partridge Family）。虽然《盖里甘的岛》中几乎没有谈到城市生活，但是另两个都极具启发性。它们将 20 世纪中期的美国郊区美化成为处于茂密树林中的低层住宅群，这是当时的标准。作为"未来"的建筑师，我痴迷于迈克·布雷迪（Mike Brady）的自建错层式住宅。这并不是说那时没有关于城市的电视节目。但只有区区四部：《法网》（Dragnet），《万能神探》（Mannix），《旧金山的街道》（The Street of San Francisco）和《夏威夷 5-0》（Hawaii 5-0）——它们都只有一个主题：犯罪。[1]

现在，将我在 20 世纪 70 年代的成长经历与生长在 20 世纪 90 年代或 90 年代左右，看《宋飞正传》（Seinfeld）、《老友记》（Friends）还有《欲望都市》（Sex and the City）的一代人作个比较。在这些影视剧中，大城市（基本都是纽约）被描述得非常受人欢迎，凭借角色个体和小团体的力量把城市渲染得十分亲切，并充满了趣味性。美国大多数的城市成为新城市的标准，确实还不错。

从这种比较中我首先得出的一个结论是孩提时代我看的电视节目太少。但我想强调的是，如今年轻的专业人士成长在一个大众文化时代（电视只是其中一个部分），这样的环境会倾向性地引导他们看到城市友好的一面，实际上是激发人们向往城市生活。我在郊区看着有关郊区的电视剧长大，他们在郊区看着讲述城市生活的电视剧长大。如今他们对城市充满期待，而不是像我当时那样因居住在郊区而得意。

这一群人，即千禧一代代表了 50 年以来的人口出生高潮。64% 的接受过大学教育的千禧一代首先选择到哪里居住，然后再找工作。[4] 其中有整整 77% 的人计划居住在市中心。[5]

1　实事求是地讲，我也偶尔看下《度蜜月者》（The Honeymooners）和《戏剧女王秀》（The Lucille Ball Show）。在电视中，在狭小、拥挤公寓的窗外呈现的城市景象是模糊的、乌黑的，既不可怕，也不友善。唯独《玛丽·泰勒·摩尔秀》（The Mary Tyler Moore Show）令人难忘，在下文我们会说到她。

1.2 人口结构的变化趋势

然而，看着《老友记》长大的一代，并不是要寻找新居住地的唯一主力军。还有一个更大的群体，那就是千禧一代的父辈——在婴儿潮初期出生的一代人。他们是每个城市最希望吸引的人群——有丰厚的储蓄，没有学龄儿童。

布鲁金斯学会[1]（Brookings Institution）的经济学家克里斯多夫·莱茵贝格尔（Christopher Leinberger）是第一个引发我关注《脱线家族》/《老友记》现象的人。他提到空巢家庭需要生活在适宜步行的城市：

空巢家庭的人数的有7700万，占到了美国人口总数的整整四分之一。随着婴儿潮初期出生的人口接近65岁，他们发现自己郊区的房子太大了。他们抚养小孩的日子已经远去，偌大的房子需要采暖、制冷和打扫，荒废的后院需要维护，无疑成了不必要的负担。郊区的房子会产生社会隔离，特别是上年纪后眼睛昏花，动作迟缓，开车去哪里都不方便。对这代人中的许多人而言，自由意味着生活在一个适宜步行，公交便捷地连接诸如图书馆、文化和医疗站等公共服务设施的社区。[6]

20世纪80年代，我和从事城市规划的同事开始从社会学家那里听说一件事，叫作NORC即"自发形成的退休社区"，在过去的十年，我看到了越来越多和我父母同辈的人搬离了郊区的大房子，把家安置到功能混合的城市中心。最终，我的父母在去年也搬家了，离开了马萨诸塞州绿树成荫的贝尔蒙特山，搬去了树木少一些但更加适宜步行的列克星敦市市中心。对他们而言，步行性的增加意味着足不出户与他们想要一直延续下去的独立生活之间的巨大区别。

我的父母80岁出头了，在别人看来，他们是较晚做出行动的人。但是作为婴儿潮前出生的人，他们只是老龄化洪潮来临前的涓涓细流。莱茵贝格尔指出，从现在开始，平均每年有150万美国人迈入65岁，这个速度比十年前翻了两番[7]，并且在2020年之前会只增不减，而要恢复到目前水平，可能要等到2033年。

这些出生于婴儿潮即将退休的家庭，其数量将会超过那些处于抚养小孩年龄段偏好于居住在郊区生活的家庭。这即将到来的转折点代表了自"婴儿潮以来最大的人口结构变动"。[8]

---

1 是美国著名智库之一，主要研究社会科学尤其是经济与发展、都市政策、政府、外交政策以及全球经济发展等议题。——译者注

预计从现在开始到 2025 年会产生 1.01 亿个新的家庭，其中有 88% 的家庭预计是丁克家庭。与 20 世纪 70 年代过半家庭有小孩的情况相比，这是一个非常巨大的转变。[1] 这些新的丁克家庭不会在意当地学校的质量好坏或者他们后花园的大小。莱茵贝格尔认为，"这样的现实情况会带来非常多的可能性。"[9]

就像目前这不可思议的统计结果一样，作为一名父亲，我经常号召加强公立学校和社区公园的建设，这对我们这样的家庭是非常有利的。我提醒大家，一个社区的真正兴盛离不开任何年龄段的人，因为他们之间会相互支持。我喜欢引用戴维·伯恩的一句话："假如我们能建设一个让孩子们满意的城市，我们就能建设一个让所有人满意的城市"。[10] 此话不假，但是我还会经常提起一件事情，那就是我曾经在一个与上述情况完全相反的地方舒适地生活了十年，即迈阿密南海滩。在那里，基本上一个月也看不到一个推婴儿车的人。我的邻居中的成年人没有一个介于 35 岁到 55 岁之间，也没有看上去像生育过的，然而就城市建设、社会和经济发展来看，这座城市从前和现在都很成功。从人口学角度讲，南海滩将代表了许多美国城市的未来。

适宜步行的华盛顿特区就是这样的情况。在过去的十年间，其 20 ~ 34 岁之间的居民比例增加了 23%，同期 50 多岁和 60 岁出头人的数量也在增加，但是 15 岁以下儿童的数量减少了 20%。[11]

很明显，莱茵贝格尔对这种人口结构变化趋势带来的巨大影响是乐观的。在发表在《谷物》（Grist）杂志中他曾提到，"要满足一直以来人们饱受压抑的对可步行城市发展的需求，需要一代人的时间。这将为房地产行业带来福音，并且为美国今后几十年的经济发展打下基础，正如 20 世纪下半叶建设的低密度郊区一样"。[12] 这种影响是否能挽救不景气的经济局面尚不得而知，但他关于人们将搬回城市的说法无疑很有说服力。

接下来的问题是：他们会选择搬去你的城市，还是其他的呢？答案很有可能取决于城市的步行性。

莱茵贝格尔曾经是洛杉矶的罗伯特·查尔斯·莱塞有限公司（Robert Charles Lesser & Co）的老板，这是美国最大的房地产咨询公司，这意味着他曾经助推了城市的蔓延。而现在他确信，大多数郊区将成为"下一个贫民窟"。[13]

1　克里斯多夫·B·莱茵贝格尔，《城市生活的选择》（The Option of Urbanism），89-90. 本章节的内容主要来自莱茵贝格尔的这本书，它围绕着对步行城市的需求列举出了很多参数和统计数据。1950 年独居的美国人有 400 万，而现在这个数字飙升到了 3100 万 [内森·海勒（Nathan Heller），《分离》（The Disconnect），110] 根据《今日美国》的报道，目前养狗的家庭在数量上超过了抚养小孩的家庭。[阿亚·埃尔·纳赛尔（Haya El Nasser），《在许多社区，孩子只是一个记忆》（In Many Neighborhoods, Kids Are Only a Memory）]

为了研究房地产行业的运作模式，莱茵贝格尔把美国的建设环境分为两类：适宜步行的城市和依赖汽车出行的郊区。[1] 在底特律，他发现同类房子的价格在适宜步行的市中心比在适合驾驶的郊区高出 40%。在西雅图会高出 51%；在丹佛高出 150%。毋庸置疑，纽约市是最高的，会高出 200%——这也就是说生活在适宜步行街区公寓中的人们，每平方英尺付出的价钱是居住在郊区公寓中的三倍。在大多数房地产市场中，对适宜步行的城市地区的住房需求远远超出了供给：在亚特兰大，愿意居住在适宜步行的城市地区的居民中，只有 35% 的表示可以找到并且能够买得起这样的住宅。[14]

商业地产价格机制同样如此。在华盛顿特区，坐落在适宜步行地区的办公楼比位于依赖汽车出行的郊区高出 27%，但是其空置率却低于 10%。《华尔街日报》曾证实，这种趋势已蔓延到全国：2005 年以来郊区写字楼空置率上涨了 2.3 个百分点，而美国城市中心写字楼的使用率则保持稳定。[15]

根据以上数据，莱茵贝格尔总结道：

如果大都市区不提供适宜步行的城市生活，将注定失去经济发展的机会；那些提供丰富多彩的日常生活的城市中心将吸引创意阶层……2006 年对费城和底特律市中心消费者调查发现，受过良好教育的人尤其偏好适宜步行的城市。[16]

步行指数（Walk Score）网站的蹿红反映了对步行友好空间的需求不断升温。这个网站汇总了邻里单元的适宜步行性信息。[2] 网站始创于 2007 年，马特·勒纳（Matt Lerner）、迈克·马修（Mike Mathieu）和杰西·柯霍（Jesse Kocher）三个人本来是抱着随便玩玩的态度建设这个网站的，他们三个搭档共事于一家名字不太搭调，叫作 Front Seat（车前座）的软件公司。勒纳最近跟我交流时说："我在全国公共广播电台（NPR）里听到过英格兰的'食物里程'，即标明食物从产地到消费者所经过的运输距离，我们就想，为什么不用这个方法来测量房屋里程呢：从你居住的房子到日常使用的设施要走多远的距离。"

地段的适宜步行性分为五个等级，以 50 分作为依赖小汽车出行（car dependent）和一

1　这样分类多少有些误导性，因为适宜步行的城区仍然会有人开车，而依赖小汽车出行的郊区却不怎么适宜步行。或者更准确地说，那些有充足的可支配收入和时间花在交通上的人来说，还是有可能选择驾驶。而在依赖汽车出行的郊区，步行通常是社会弱势群体的无奈之选。

2　据勒纳称，原始版本一旦形成并启用，"我就用电子邮件把这个网址发给了 20 个人，第二天就迎来了 15 万名访客。"现在步行指数网站每天会提供超过 400 万以上查询值。

般步行性（somewhat walkable）的分界值。70 分表示十分适宜步行的等级（very walkable），超过 90 分则意味着达到了"步行者的天堂"（Walker's Paradise）的水平。旧金山的唐人街和纽约的特里贝克地区的得分是 100 分，而洛杉矶的穆赫兰大道只得了 9 分，迈阿密南海滩 92 分。耐克公司在俄勒冈州比弗顿的总部，得分是依赖小汽车出行的 42 分，然而全国知名的"行走大师"Leslie Sansone 所在宾州新堡市的地址的步行指数只有 37 分。[1]

引人关注的是，步行指数在房地产经纪人那里大受欢迎。受他们的需求驱使，Front Seat 团队最近研发出专业版步行指数算法，这是一个订阅网站，已有超过一万家网站与其链接，其中大多数是房地产经纪公司和网站。

我曾经和一个叫伊娃·奥托的房地产经纪人聊天，她非常看好并力推步行指数网站，她坚信"在西雅图这样的城市，适宜步行性决定了一些买房者是否会购买，通常，良好的适宜步行性会增加消费者 5% ~ 10% 的购房意愿"。她在自己经手的每一栋房产的显眼位置都放上一张从步行指数网站下载的相应地区的日常设施地图。伊娃认为这会使她的买家增强这样的意识——当自己不需要开车在居住地周边步行就可以满足日常生活需求时，生活会变得如此惊喜和愉快。

假如步行指数对于人们选择居住地点真的如此有用，那么它也可以帮助我们决定步行性的经济价值。现在步行指数问世已有数年，一些精明的经济学家有了研究步行指数和房价之间相关关系的机会，他们给步行分数赋予了价格：每一分值 500 ~ 3000 美元。

乔·科特莱特（Joe Cortright）在为市长们写的《付诸行动：步行性如何提高美国城市的房价》白皮书中，研究了全美 15 个房地产市场——诸如芝加哥、达拉斯和杰克逊维尔——的 9 万个独立的房屋销售数据。他发现，在控制了其他已知会影响房价的变量后，除了两个

1　步行指数网站（Walk Score）最吸引人的原因之一是其结果的准确性有多高。尽管事实是其当前的计算方法只考虑了步行性中的一个因素：与日常出行目的地的临近性。具体来说，该算法只计算了九类日常设施与居住地之间的直线距离，包括商店、餐馆、咖啡店、公园和学校。接下来要指出，切实影响适宜步行性的很多重要因素都没有包括在步行指数的测度指标中，如街区的形状，车辆的速度，但对其结果并未产生太大的影响，这是因为一个有利的巧合：几乎美国所有具有混合功能的街区都比较小，车速也较慢。功能混合和步行友好是一种空间模式（在传统邻里中）的组成部分；而功能单一、不适宜步行的街道则构成了另一种空间模式（城市蔓延区）。此算法不适用于高度商业化开发的边缘城市。尽管事实上在此地人们基本上只会在巨大的停车场行走，但往往会提高购物中心的分数值。正因为如此，作为城市扩张典型的弗吉尼亚州泰森斯角，其步行指数竟然达到 87 分 [我们可以从乔加的那本《边缘城市》（Edge City）的封面上了解到]。这个分数比我所在的华盛顿特区的"U 街"还高两分——即使我周围一半的邻居没有私家车，而完全依赖步行出行。在泰森角依赖步行生活，即使实际上不违法，也是一个伪命题。

　　值得庆幸的是，软件的开发者们花大力气完善了算法，一款"街头智慧"（Street Smart）的新版本，将街区的大小、街道的宽度和机动车的速度都考虑进去。新版本最终会取代原始版本——也许就在你阅读这本书的这一时刻。但是勒纳以及他的团队对大幅度改变算法持谨慎态度："当我们采用'街头智慧'的新算法时，许多地区的分数值都会变化，所以我们打算多用些时间来测试新版本，以便发现可能存在的问题。"

地方，其他的城市均表现出了房价与适宜步行性之间明显的正相关性。[1] 举一个典型的例子，在北卡罗来纳州的夏洛特市，科特莱特发现，大都市步行指数从平均分 54 分（步行性一般）增加到 71 分（非常适宜步行）时，对应导致平均房价增加 28 万美元到 31.4 万美元不等 [17]，也就是 2000 美元 1 分值，或者说步行性从最差到最好，其房价的差距是 20 万美元。而有趣的是，20 万美元相当于华盛顿特区更适宜步行的区域买一块可建空地的最低价格。

当然，通过直接调查人们的真实需求论证数据反映的事实还是有用的。Belden Russonello & Stewart 市场研究公司受全国房地产经纪人协会的委托对美国几千名成年人做了问卷调查，结果发现："将近有一半（47%）的人更愿意生活在城市或者住宅、商店和工作混合功能的郊区……只有十分之一的人青睐只有住宅功能的郊区。" [18] 鉴于目前大多数的美国建成环境属于后者，生活在步行城市的需求无疑已超过供给，而且这个缺口只会越来越大。

1.3　适宜步行性的红利

2007 年，前面提到的研究步行指数对价格影响的负责人乔·科特莱特发表了一篇名为《波特兰的绿化红利》（Portland's Green Dividend）的文章。他在文章中提出了一个问题：波特兰从适宜步行性中得到了什么？事实证明，得到了很多。

在回答这个问题之前，我们首先要了解是什么使波特兰与众不同。显然，它不是曼哈顿。规模不大不小，按照美国的人口密度标准，它属于普通水平。这个城市既没有历史累积的强大产业基础，也无丰富的矿产资源，不久前却吸引了大量的产业进驻。波特兰市经常下雨，但有趣的是，在那里出门可以不用带伞，这让当地人引以为豪。也许更让人惊讶的是波特兰人对步行交通规则的遵从，即使是凌晨一点在寂静无声的两车道的小路，波特兰人也不会闯红灯——即使面前有一个来自东海岸的兴致勃勃的人正大步流星地闯向路口（我在这里没有指名道姓），波特兰人也不会尾随其后违反禁止通行的交通指示。

但真正使波特兰与众不同的是它的发展路径。当美国大多数城市都在建设更多的高速公路之时，波特兰投资于公共交通和自行车交通；当美国大多数城市为了通行速度都在拓宽路面时，波特兰却实施了"道路瘦身"计划；当美国城市进行新一轮城市用地扩张时，波特

1　出现例外的是加利福尼亚州的拉斯韦加斯和贝克斯菲尔德，这两个城市几乎完全没有传统城市生活的特质 [科特赖特，《付诸行动》（Walking the Walk），2]。在对华盛顿特区的最新研究中，克里斯·莱因贝格尔和玛丽耶拉·阿方发现步行指数与所有的细分市场都有着正相关性。关于步行指数的五类划分，他们指出，"办公场所的适宜步行性每增加 1 级，每平方英尺每年的租金就要增加 9 美元，零售店租金增加 7 美元，公寓的月租金超过 300 美元，而每平方英尺房价则至少贵 82 美元"[克里斯·B·莱因贝格尔，《现今的渴望：一个适宜步行的、便利的地方》（NowCoveted: A Walkable, Convenient Place）]。

兰则设定了城市增长边界。这些以及其他类似的城市发展措施，在几十年的时间里——在规划师的眼中是一眨眼的工夫——改变了波特兰人的生活环境和方式。[1]

这种变化并不引人注目——要不是道路上川流不息的自行车，这种变化或许很难用双眼看到——但是意义重大。几乎所有城市居民每年的机动车里程越来越大，浪费在交通拥堵上的时间越来越多时，波特兰的人均机动车里程却在 1996 年达到最高值后持续降低，现在波特兰的人均机动车出行里程比其他主要大都市区低 20%。[19]

小变化而已？此言差矣。根据科特莱特的研究结果，这 20% 的节省（平均每个居民每天 4 英里）每年总计达 11 亿美元，相当于该区域个人收入总和的 1.5%。况且，这个数据还没有考虑出行中节省的时间：出行高峰期从每天的 54 分钟减少到了 43 分钟。[20] 科特莱特计算后发现，这又会额外节省 15 亿美元。把这两方面节省的钱相加总和就是真正省下的钱。

省下的这些钱要做何用呢？波特兰以人均拥有最多的私人书店和车顶行李架著名，据称这个城市人均夜店也最多。这些说法都不免有些夸张，但的确反映了这里的各种娱乐的消费量比平均水平要高。波特兰的人均餐馆数超过了除西雅图和旧金山以外的所有大城市。俄勒冈人均酒的消费量远高于其他城市，[21] 这是一把双刃剑，所幸他们不怎么开车，所以倒也令人欣慰。

更值得关注的是，不管这些钱怎么花，这些节省下来的钱与用在开车上相比会更多地在本地消费。[22] 花费在汽车和汽油上的钱，几乎 85% 都流走了。当然，这些钱大部分都流入了"中东王子"的口袋。而大部分节省下的钱将用在住房上，因为这是一个全国大趋势：家庭在出行上花费更少，在住房上则花费更多，[23] 这些钱自然就留在当地了。

住房消费和汽车消费之间的关系非常重要，尤其是在交通费用飞涨后，这个话题已经成为最近研究的热点。交通费用曾经仅仅占到一个普通家庭预算支出的十分之一（1960 年），而现在每消费五美元，就有一美元用在了交通上。[2] 也就是说，美国家庭平均每年用在汽车上的开支合计有 1.4 万美元。[24] [3] 以这个标准衡量，一般家庭从每年的 1 月 1 日到 4 月 13 日的收入刚好可以支付这笔费用。需要注意的是，美国普通工薪阶层的年收入在 2 万到 5 万美元之间，他们在交通上的花费超过了住宅消费。[25]

这是因为一般情况下美国工薪阶层家庭都住在郊区，而其居住地点的选择受到"驾驶到

1　准确地说，波特兰也有用地扩张。但是得幸于城市增长边界，扩张的区域与无限蔓延相比规模更小，与原有城市更具连续性。
2　凯瑟琳·鲁茨（Catherine Lutz）和安妮·卢茨·费尔南德斯（Anne Lutz Fernandez），《劫车》（Carjacked）80。每户驾驶里程从 1969 年到 2001 年增加了 70%[查克（Chuck Kooshian）和史蒂夫（Steve Winkelman），《更加富有》（Growing Wealthier），3]。
3　绝大多数美国家庭拥有一辆以上轿车。

你负担的起的地方"规律的支配。但驾驶是唯一可选的出行方式。为了寻找能够负担得起房贷的便宜住房，收入有限的家庭住得越来越远离城市中心。但不幸的是，在这种情况下，他们会常常发现出行费用远远超出了买房节省的费用。[26] 2006 年当油价涨到了每加仑 2.86 美元时，有研究证实了这个现象。当时，对居住在依赖汽车出行区域的家庭而言，其交通费用大约占到他们收入的四分之一，而就生活在适宜步行社区的家庭而言，相应的花费可减少一半多。[27]

那么当汽油价格突破每加仑 4 美元，房地产泡沫破裂后，城市外围地区往往很自然地成为丧失抵押品赎回权的重灾区了。莱茵贝尔指出："那些需要一个家庭养几辆车才能参与社会事务的地方削弱了他们的偿还贷款的能力。""郊区房价下降速度是大都市地区平均水平的两倍，但是适宜步行的城市的房价趋于保持稳定，其中有些地方的房价正在逐步回升。" [28] 不仅是城市中心状况比郊区好，而且适宜步行的城市中心同样比依赖小汽车的地区好。凯瑟琳·鲁茨和安妮·费尔南德斯认为，"房价下跌最严重的城市（如拉斯维加斯，房价下降37%）都曾经是对小汽车依赖最强的城市，而那些少数房价升高的地区……往往具有多样的出行方式 [29]。"

这对于奥兰多和里诺来说是一个坏消息，而对于波特兰以及华盛顿特区则恰恰相反，它们一直受益于早期投资的交通运输系统。从 2005 年到 2009 年，华盛顿特区的人口增加了15862 人，但汽车注册量却减少了 15000 辆。[1] 国家建筑博物馆在其智能城市项目中提到，机动车使用量的减少相当于当地每年增加 12727.5 万美元的经济收入。[2]

这些都是不依赖小汽车出行所带来的经济效益。那么步行、骑自行车和乘坐公交还会产生其他的效益吗？尽管目前的证据还十分有限，但指向是肯定的。且不说它对健康的益处，单就创造城市就业机会而言，两者的差别就十分明显。公路和高速公路的建设需要的是大型机器和少量工人，显然这不利于增加就业。相比之下，城市公共交通、自行车道和人行道的建设提供的工作岗位多出 60% ~ 100%。对奥巴马总统颁布的《美国复苏和再投资法案》的研究表明，公共交通产业提供的就业机会较高速公路高出 70%。按照这个比例计算，如果道路建设资金用于城市公共交通的建设，那么这项扩大就业计划将额外增加 5.8

1　国家建筑博物馆智能城市项目海报。据我估计，这一切都发生在 2009 年 1 月 20 日，当时有 3 万名奥巴马政府雇员取代了仅有 1.5 万名的布什政府雇员。许多布什政府的员工居住在"华盛顿特区环路以外"，亲共和党的弗吉尼亚州也以此为荣。

2　如上，在澳大利亚，一项类似的研究显示居住在公交导向的邻里社区中一生大概可以省 75 万美元，这些钱大多会在当地消费 [彼得·纽曼，盖·比特里，希瑟·泊伊尔，《弹性城市》（Resilient Cities），120]。一个普通的家庭如果减少一辆车的预算，就可以多负担 13.5 万美元抵押贷款。这样就很容易解释为什么华盛顿的房价与最高峰相比最多只降过 20%，而在环路以外的房价则减少了 50%。

万个就业岗位。[1]

在地方层面，其影响又是如何呢？在过去的几十年里，波特兰在自行车设施上大概投资了6500万美元。按基础设施的投资标准，这笔钱不算多（仅重新建设一个城市的高速路互通立交就需要花费超过1.4亿美元）。[30] 但就是这笔为数不多的投资，除了使骑行者的数量从普通水平提升到全国平均水平的15倍以外，[2] 还创造了接近900个工作岗位，这比把这些经费花费在机动车道路建设上多创造了大概400个工作岗位。

但是对波特兰来说，最重要的既不是节省下来的交通费用，也不是自行车道建设增加的就业岗位，而是那些富有智慧的年轻人陆陆续续地搬到了波特兰。据科特莱特和卡罗尔·科莱塔（Carol Coletta）的研究发现，"在20世纪90年代的这十年里，波特兰大都市区中年龄在25到34岁之间且接受过大学教育的人增加了50%，增长速度是全国总体水平的5倍，临近城市的居住区中这一年龄组的人口增长最快"。[3] 步行性的红利，除了体现在资源节约和资源再投资上以外，还使城市成为一个人们愿意居住的地方而产生的效应。旧金山就是一个例子，猎头公司Yelp和Zynga（创立"开心农场"社交游戏的开发商）积极地把城市生活作为一种招聘人才的吸引手段，Zynga的人力资源经理科琳·麦克里认为，"我们能够吸引具有创造力和有技术专长的人才，是因为我们在城市中。"[31]

归根到底，城市生产力的提升还有着更深层次的原因。越来越多的证据表明，高密度的适宜步行的城市就是凭借其所具备的邻近性创造财富。这个观点一方面显而易见，毕竟城市的存在是因为人们在集聚中获益，另一方面，要证明这个观点遥不可及。[4] 但这并没有阻止一些前卫的思想家，包括斯图尔特·布兰德（Stewart Brand）、爱德华·格莱泽（Edward Glasser）、大卫·布鲁克斯（David Brooks）和马尔科姆·格拉德威尔（Malcolm Gladwell）对此评论。

1　巴尔的摩一份关于经费支出的研究显示，在公路建设上每投入100万美元，就可以创造7个工作岗位；在步行道路设施建设上每投入100万美元，则可以创造11个工作岗位；而在自行车道的建设上每投入100万美元，就能够创造14个工作岗位[（海迪·加特勒·帕尔贴，《人行道、自行车道和道路基础设施建设对就业的影响估算》(Estimating the Employment Impactsof Pedestrian, Bicycle, and Road Infrastructure)，12]。

2　根据人口普查结果，在波特兰选择自行车出行的人数占到了5.8%，当地研究机构的调研结果是略低于8%，而全国的平均水平是0.4%。

3　"《年轻和骚动不安的一族》(The Young and the Restless)"，当大都市区大学毕业生的数量每增长10%，个人收入就增长7.7%。这个结果甚至适用于城市中的非大学毕业生，因为他们的生产率也在上升[大卫·布鲁克斯，《城市的荣耀》(The Splendor of Cities)]。

4　25年前，威廉·怀特跟踪了纽约城市中38个迁往郊区的公司的股市走势，通过研究发现，这些公司股票价格的上涨比率比另外35个没有搬迁的公司低了一半以上。[怀特，《城市：重新认识中心》(City: Rediscovering the Center)，294-95]。

大卫·布鲁克斯在阿斯彭研究所[1]的演讲中提到，当专利申请者把一些对他们有影响的相似专利一一列出时，发现这些专利的发明者与其之间的距离大多不超过 25 英里。他还提到了最近在密歇根大学所做的实验：研究人员把一群人聚集到一起，让他们面对面地去做一个有难度的合作游戏；同时把另一群人聚集到一起，但只允许他们通过电子通信方式交流。结果，面对面交流组成功完成任务，而电子通信组却以失败告终。[32]

当然，在很多情况下都可以实现面对面的合作，但是在一个适宜步行的城市里会更容易实现。单分子实时分析研究中心（SMART）的主任苏珊（Susan Zeilinski）谈到这个问题时说道，"在欧洲，你一天可以顺利地开完五个会，在澳大利亚可能是三个，但是在亚特兰大就只能参加两个会，因为你得总是不停地赶路。你走得更快更远，因为这个地方通达性不好，所以交往的可能性低，你需要在路上花费很长的时间"。[33] 这个讨论引出了一个更大的、科学家们刚刚开始研究的理论问题：一个地方的成功是否有潜在的普遍规律。

理论物理学家杰弗里·韦斯特（Geoffrey West）和路易斯·贝当古（Luis Bettencourt）相信存在这样的规律，他们不接受"一个地方的发展没有规律可循"的城市理论，他们只关心的是数学计算结果。"这些数据清晰地显示"，韦斯特谈到，"当人们聚到一起时，他们会变得更具有创造性"。[34] 那么这个规律反过来还成立吗？乔纳·雷尔（Jonah Lehrer）在《纽约时报》中发表了对韦斯特研究的看法：

在最近几十年，尽管那些美国增长速度最快的城市，如凤凰城、加州河滨市，给我们展现了不同寻常的城市发展模式。这些地方把公共空间改变成经济适用型独栋住宅，以吸引那些想拥有私人花园的工薪阶层。韦斯特和贝当古指出，然而这些郊区又便宜又舒适的住宅，导致了所在城市的发展指标差强人意。举个例子，凤凰城的收入水平和发明创造（根据专利数量）在最近四十年一直低于平均水平。[35]

这些研究结果和最近环境保护署的研究表明，在开展调研的每一个州，其机动车出行量与生产力成反比：一个州，人均驾驶里程越多，经济发展能力越差。[2] 显然，这样的数据佐证了城市规划师们大胆的推论，即把时间花费在交通上是没有效益的。

1　该研究所于 1950 年成立，总部设于美国华盛顿，是国际知名的非营利组织，致力于提高领导力，以宣扬良好公共政策为宗旨。——译者注
2　库市安和温克尔曼，《更加富有》（Growing Wealthier），2。这个联系看上去意义特别深刻。人们因为财富的增加，会有更多的可支配收入用来投入到驾驶中，从而更多地驾驶。

相比之下，波特兰大都市区目前已经集聚 1200 多家科技公司。和西雅图、旧金山一样，涌入波特兰接受过良好教育的千禧一代人数远远超出其他城市。人口统计学家威廉·弗雷（William Frey）谈到这个现象时说："美国城市的新气象正在形成，由过去向郊区的白人大迁移变成向城市的'光明大迁移'，城市对于胸怀抱负，向往知识技能型工作，喜欢使用公交，寻求新的城市氛围的年轻人来说有很强的吸引力。"[36]

传统观点认为应该把城市的经济建设放到第一位，经济发展好了，则城市人口和高质量的生活自然会随之而来。但现在的形势已经转变：营造更高品质的生活环境成为吸引新居民和创造就业机会的第一步。这就是为什么莱茵贝格尔相信"所有经济发展的策略，比如发展生物医药产业集群、航空航天产业集群以及其他时髦的发展策略，都无法与建设一个适宜步行城市的作用相比拟。"[37]

第二章　美国人为什么没有活力了

肥胖风潮；清新空气；美国的汽车杀戮；紧张和孤单

对于美国的城市规划师来说，2004 年 7 月 9 日是最具历史意义的一天。正是在这一天霍华德·富兰克林（Howard Frumkin）、劳伦斯·弗兰克（Lawrence Frank）和理查德·杰克逊（Richard Jackson）出版了《城市扩张和公共健康》（Urban Sprawl and Public Health）这本书。

在此之前，主要从美学和社会学角度对建设步行城市进行讨论。更值得关注的是，除了规划师以外，几乎没有人去关注这个话题。但令人意想不到的是，当我们高谈阔论郊区的蔓延造成的破坏、混乱和资源的浪费时，内科医生中有一部分人开始悄悄地做起了更有实际意义的工作：他们记录下了我们亲手建设的环境是如何杀害我们的。

杰克逊医生是从 1999 年开始顿悟的。那年的一天，他正行驶在亚特兰大的布福德高速路上，这条路被新城市主义协会评选为美国最糟糕的十条道路之一。[1] 七车道的道路两边是低收入群体居住的花园公寓，"没有人行道，信号灯和信号灯之间相距有两英里"。[2] 在一个室外温度高达 95 华氏度（≈ 35 摄氏度）的午后，他看到一个年过七旬的老太太提着两个大购物袋在路边艰难前行。身为流行病专家的杰克逊试图把老太太所处的困扰与他自身的研究工作联系起来：

如果这个可怜的老太太因为中暑而瘫倒在地，我们的新闻报道会把她的死因描述成中暑而不是缺少树荫和公共交通，也不是怪罪不良的城市建设形态以及城市的热岛效应。假如老太太不幸发生车祸，她的死因会被看作是交通事故，而不是缺少人行道和公共交通工具，以及不合理的城市规划和城市管理者的失误。这让我顿时感到吃惊。在这里我仅关注那些看似很遥远的疾病危害，而实际上我们面临最大的危险是来自建成环境。[3]

那时杰克逊刚被加利福尼亚州前任州长阿诺德·施瓦辛格聘为州公共保健顾问，在那接下来的 5 年时间他用定量分析证明我们面临的大多数困扰都直接源于汽车时代适宜步行性的消失。这本书的完成也对规划行业反对城市蔓延的警告提供了一些技术支撑。

而数据更具有说服力，尽管美国有六分之一的支出用在了保健上，但在发达国家中，它的一些卫生统计数据显示的结果却是最糟糕的。根据美国疾病防控中心提供的数据，2000年后出生的美国儿童足足有三分之一会患上糖尿病。在一定程度上这是由日常饮食造成的，另一部分归结于城市的规划：以依赖汽车出行的社区逐渐替代传统的步行社区使这一代人成为美国历史上最缺乏运动的一代人。不仅如此，还有车祸带来的伤害——全国各地儿童和年轻人的最大杀手，和汽车尾气的排放而导致的流行性哮喘病。将适宜步行的城市与依赖汽车出行的郊区进行对比，会产生一系列让人瞠目的统计数据。举个例子，使用公共交通的人实现 CDC（疾病防控中心）推荐的每天 30 分钟身体锻炼的概率是驾车出行者的三倍多。[4] 可见美国的公共健康危机很大程度上源于城市设计，这个观点越来越清晰，而适宜步行性就是解决这个问题的核心。

步行的逐渐消失给我们下一代带来的影响尤为严重，在 1969 年有 50% 的小孩步行去学校，而现在只有不到 15%。[1] 甚至有时小孩真的自己步行去学校，警察就会来找父母的麻烦：《盐湖城报》在 2010 年 12 月刊登了一篇关于南约旦的小孩诺亚·塔尔博特的报道，他在上学途中被警察领回之后，他的妈妈因为对孩子疏于照顾而收到了传票。[5] 杰克逊医生和他的同伴们写到，"失去了在学校和社区中进行体育锻炼的机会，越来越多孩子需要用药物来治疗注意力不集中和多动症。有些小学三年级班级中有三分之一的男孩子在服用利他林（Ritalin）或类似的药物。"[6]

总体来看，全国越来越多的流行病专家认同《城市扩张和公共健康》这本书的观点。我们贪一时之便不愿意步行，长期超速以及汽车排放的有毒气体，造成了这样的结果——即"这一代年轻人的寿命要短于他们的父辈"，这是前所未有的。[7]

2.1　肥胖风潮困境

在对美国人的健康和医疗保健问题进行严肃的讨论时，肥胖问题总是被作为讨论的核心放在首位。[2] 20 世纪 70 年代中期，只有十分之一的美国人属于肥胖人群，和目前欧洲的水平

1　尼尔·皮尔斯（Neal Peirce），《骑车和步行：我们的秘密武器？》（Biking and Walking：Our Secret Weapon?）。类似地，从 1969 年到 2009 年这段时间，依赖私家车上学的小学生比例从 12% 增长到 44%（国家建筑博物馆之智能城市项目海报）。

2　总体上，医疗费用的增长中有八分之一是由肥胖所致 [杰夫·梅普司（Jeff Mapes），《铁马革命》（Pedaling Revolution），230]。医疗报告显示，肥胖者会因其肥胖而多花费 15% 的医疗费用。肥胖者请病假的时间是其身材苗条的同事的 12 倍。根据美国通用汽车公司的报告，每年有 2.86 亿美元的医疗费用消耗在肥胖引发的病症上 [托马斯·戈奇（Thomas Gotschi）和凯文·米尔斯（Kevin Mills），《美国的人力交通》（Active Transportation for America），29]。尼尔·皮尔斯作为一名专注于城市事务的作家，曾这样说道，"假如不能应对脂肪危机，那么日益严重的心脏病和糖尿病趋势会使政府减少急剧攀升的医疗费用的努力成为泡影。"（皮尔斯，《骑车和步行：我们的秘密武器？》）

相当。而在之后的 30 年的变化令人吃惊：到 2007 年，肥胖比例达到了三分之一，[8] 还有三分之一的人明显超重。[9] 儿童肥胖率几乎是 1980 年的三倍,青少年肥胖率则至少翻了两番。[10] 依照美国军队标准，有 25% 的青年男子和 40% 的青年女子因为太胖而不能服役。[1]

甚至在 1991 年，还没有一个州的成年人肥胖率超过 20%。而到了 2007 年，却只有科罗拉多州低于 20%。[11] 按这个速度发展下去，到 2080 年所有美国人都将患上肥胖症，我的孩子可能会见证那个时刻的到来，但也有可能因为肥胖而活不到那个时候。

就身体的实际体重来看，目前男性体重比 20 世纪 70 年代末增加了 17 磅，女性则增加了 19 磅。这意味着，不考虑人口增长，美国都已经增加了 55 亿磅的重量。最核心的问题当然不是肥胖本身，而是肥胖引起或加重的其他疾病，[2] 包括冠心病、高血压、直肠癌和子宫内膜癌在内的多种癌症、胆结石、关节炎等，肥胖导致的死亡数量已经超过了吸烟。[12]

过去十年，有一系列的研究成果把肥胖症和引起的相关疾病归结于依赖于小汽车的生活方式，或者更进一步说是汽车为主的建成环境。[3] 有研究表明，亚特兰大市区的居民每天驾

---

1   在为《纽约客》(The New Yorker, 这是一份美国知识、文艺类的综合杂志, 内容覆盖新闻报道、文艺评论、散文、漫画、诗歌、小说, 以及纽约文化生活动向等。) 撰写的文章中, 伊丽莎白·科尔伯特 (Elizabeth Kolbert) 提到, "医院不得不购置特殊的轮椅和手术台, 以适应肥胖症患者并且还要加宽旋转门 (常规门宽从 10 英尺增加到 12 英尺左右)。印第安纳州的歌利亚棺材公司已经开始提供钢筋铰链, 较普通棺材宽三倍, 经过特别加固并可承受一千一百磅重量的棺材。据估计, 由于乘客超重, 美国航空公司每年需要额外支出 2.5 亿美元燃料费用" [克尔伯特,《XXXL: 为什么我们如此之胖》(XXXL: Why Are We So Fat?)]。

2   痛风曾经被称为 "富贵病", 现在重新在中产阶级中蔓延起来。但产生最大身体伤害和金钱压力的是糖尿病, 在美国它是引发死亡的第六大杀手, 超过 2100 万人——约占总人口的 7%, 患有 II 型糖尿病, 相应的费用支出占到了 GDP 的 2%。肥胖症是诱发糖尿病的首要因素, 会使该病的患病率增加 40 倍 (霍华德·弗鲁姆金, 劳伦斯·弗兰克和理查德·杰克逊,《城市扩张和公共卫生》, 11)。

3   许多有说服力的文章指出 "美国以玉米糖浆为日常饮食的做法" 是荒谬的, 并且令人颇为信服。既然我们国家的膳食结构是不合理的, 那么把国人肥胖的原因全都归咎于缺乏身体锻炼, 这公平吗？在美国还没有任何研究项目将这两个因素的重要性进行比较, 但是《英国医学杂志》(British Medical Journal) 在一篇名为《暴食还是懒惰》(Gluttony or Sloth) 的文章中讨论了这个问题。文章对肥胖的发病率与饮食和运动进行比对, 结果发现肥胖症发病率与缺乏运动的关系更加密切。文中特别指出, "1950 年到 1990 年, 是英国的暴饮暴食行为达到峰值逐步下降的一段时期, 期间肥胖症的患病率仍然在稳步增加。另一方面懒惰与肥胖症齐头并进, 显示它们之间有重要的因果关系" (弗鲁姆金等,《城市扩张和公共卫生》, 95)。

无论证据是怎样的, 显然体重与遗传无关, 而是与两个基本要素有关：能量的摄取与能量的消耗。忽视其中任何一个要素都是错误的, 医疗机构不久前还只关注能量的摄取, 直到现在锻炼身体才得到应有的重视。加州大学洛杉矶分校 2007 年的一份调查研究想搞清楚为什么那么多节食减肥尝试都以失败告终, 结论是 "变苗条的关键不在于饮食的计划多么精巧, 而是在于运动量的多少" (梅普斯,《铁马革命》, 231)。

同时, 在梅约诊所 (Mayo Clinic, 世界著名私立非营利性医疗机构, 于 1864 年由梅奥医生在明尼苏达州罗切斯特市创建, 是世界最具影响力和代表世界最高医疗水平的医疗机构之一。——译者注), 詹姆斯·莱医生做了一个实验：让被测试者穿上带有运动检测装置的内衣裤, 提供相同的饮食方案, 之后再让他们摄取额外的热量。意料之中的是, 一些被测试者体重增加, 而另一些则没有。詹姆斯·莱医生原本期待从新陈代谢角度查明原因, 而最终的结果则是体重的增加完全取决于身体运动情况。那些变胖的被测试者的无意识运动相对更少, 他们坐着的时间比平均水平多出了两个小时 [詹姆斯·维拉赫斯 (James Vlahos),《久坐是致命活动吗？》(Is Sitting a Lethal Activity？)]。

车时间每增加 5 分钟，患肥胖症的可能性就会增加 3%。[13] 另一份研究结果表明，驾车出行的人如果改乘公交车，则平均体重会减少 5 磅。[14] 还有研究表明，在圣地亚哥，适宜步行性低的社区居民中有 60% 的人超重，而在适宜步行性高的社区，只有 35% 的居民人超重。[15] 另一项关于亚特兰大的研究显示，"住宅区的居住密度从每英亩不足 2 户增加到超过 8 户时，白人男性患肥胖症的比率从 23% 降到了 13%"。[16] 这些都是非常严谨的学术研究，研究中同时考虑了年龄、收入和与体重相关的其他因素。

最后，对马塞诸斯州麻省 10 万居住人口的六年研究分析发现，平均体重最低的人群多集中在波士顿及内环以内的郊区区域，而最高的则集中在依靠小汽车出行的外环，围绕着 495 号州际公路的区域。《波士顿环球报》提到："卫生官员提示，肥胖比例的增加在某种程度上是因为缺少日常娱乐的机会以及居民通勤时间过长形成的紧张生活方式。"[17]

我对这些令人困惑的因果关系持谨慎态度，但我想这样说可能是公平的——肥胖的人更喜欢开车而不是步行，因此他们可能更喜欢郊区而不是市区。从理论上来看也存在这样的可能性：与其说郊区使人变胖，倒不如说肥胖的人（不爱运动）造就了郊区。只有那些被汽车行业收买的没有良心的专家[1]——这些人还不在少数——会认为步行环境中的人们并不见得更加健康。

可以想象，当一个观点触犯了一些人的切身利益时，其争论就会走向极端，城市扩张和肥胖症的关系最后就是这样。"美国梦联盟"（宗旨是捍卫自由、方便移动和拥有一套能负担得起的私人住宅）是一个由汽车制造和城市开发利益集团组成的联盟，他们提出了"蜗居主义者（Compactorizer，用以讥讽高密度、步行导向开发的倡导者）"这样一个非常滑稽的概念，并借其网站上的"吉祥物"—— Biff Fantastic[2] 以带有成见的娘娘腔对其观点大肆宣扬。

城市规划师和都市美男们都认为郊区使人肥胖。如果赞同"蜗居主义者"的观点，就得从单调且种族隔离非常明显的郊区大宅搬进高密度、公交导向的市区里的小公寓。只有"蜗居主义者"会追随获得专利的城市教条去建设繁华吵闹的夜晚，以及不时有犯罪活动和乞丐

1　温德尔·考克斯（Wendell Cox）和兰德尔·奥图尔（Randal O'Tool）。跳出了之前关于肥胖的研究结论，医生们发现身体锻炼因素与"30% ～ 50% 的冠心病、30% 以上的高血压以及 20% ～ 50% 的中风、30% ～ 40% 的结肠癌、20% ～ 30% 的乳腺癌"的发病有关（维拉赫斯，《久坐是致命活动吗？》）。美国每年因为国民缺乏体育锻炼而增加的医疗费用估计达到了 760 亿～ 1170 亿美元，大概占所有医疗花费的 10% 以上。[戈奇和米尔斯，《美国的人力交通》（Active Transportation for America），47-48]

2　Biff Fantastic 为"美国梦联盟"网站虚构的形象代言者。——译者注

骚扰的环境，而这些激发了高压力生活方式和不规律的饮食，居住在这种环境下，当然会迅速减掉体重。[18]

作为一个城市规划师，同时也算得上是都市美男，我感觉我的可信度被美国梦联盟的这番言论击得粉碎。不过我不得不承认，相比于攻击性来说，这番言论显得更为滑稽，并且它还恰如其分地取笑了我可能赞同的反郊区言论。但是最后我要问我自己：我更相信谁，是和城市化和郊区化没有利益瓜葛的医生还是城市扩张的建设者们？我选择相信医生。

2.2 清新空气

1996 年奥运会期间，超过 200 万人从世界各地拥入亚特兰大，该城市的人口数量瞬间增加了 50%。大多数的游客（包括我）在炎热拥挤的体育场馆气喘吁吁地观览了几个小时。但是，奥运会期间因为哮喘病入院治疗的患者却出人意料地减少了整整 30%。[19] 为什么会这样呢？

与平时最大的区别在于步行状况的不同。亚特兰大规定，奥运会期间市中心禁止机动车出行，许多平时开车的居民都转而乘坐公交或者步行。根据联邦标准，那时的亚特兰大是"美国地面臭氧浓度超标最严重的城市之一，主要原因在于机动车尾气的排放"，[20] 而奥运会期间的污染程度却出乎意料地降低了。[1]

现在的污染状况和以前不一样了。目前美国的污染气体主要来源于汽车而不是工厂。现在的污染情况比上一代严重恶化，尤其是那些对小汽车依赖程度最高的城市，如洛杉矶和休斯敦。2007 年，凤凰城使亚特兰大蒙羞，因为有整整三个月的时间空气污染严重到危害健康，导致居民不能外出活动。[21]

正是由于这个原因，哮喘患者的数量骤增。在美国几乎每十五个人就有一个患有哮喘，由此造成的经济损失估计每年高达 182 亿美元。每天死于哮喘病的美国人达到了 14 人，是 1990 年的三倍之多。[22]

1　不幸的是好景不长，随着运动会的闭幕典礼而结束。亚特兰大迎来"第二次清洁空气的机会"是在 1998 年，因为多次违反联邦清洁空气法案，亚特兰大传奇的高速公路建设热潮被搁置了两年。但是这都是例外，2002 年，亚特兰大被《人类健康杂志》（Men's Health）评为"美国最不适合人类居住的城市"，原因是一年中有 45 天当地居民收到"请勿外出"的警告。[道格·梦露，《重塑街道》（Taking Back the Streets），89]

当然，依赖机动车出行并不是导致哮喘病的唯一原因。但是 2011 年，美国最大的医疗健康服务网站（WebMD）所列出的哮喘病患病率最高和最低的城市清单，[23] 确实反映出了步行性和呼吸道健康之间的关系：患病率最高的五个城市（里士满、诺克斯维尔、孟斐斯、查塔努加和塔尔萨）的居民每日的驾驶里程比患病率最低的五个城市（波特兰、旧金山、科罗拉多、得梅因和明尼阿波利斯）高出 27%。

2.3　美国的汽车杀戮

纵然步行是否对人们有利还饱受争议，但机动车害死了很多人则是毋庸置疑的。美国交通事故死亡人数已经超过了 320 万，超过了美国所有战争死亡人数的总和。[24] 交通事故是导致 1 ~ 34 岁美国人死亡的最主要原因，[25] 由此带来的财产损失估计每年有数千亿美元。[1]

大多数人把遭受车祸看作是命中注定，如同其他不可避免的自然灾害一样。我们有 0.5% 的可能性死于车祸，有大概三分之一的可能受到伤害，面对这种困境，我们并未感到无望，因为这种困境无法避免。[26][2] 然而其他发达国家的数字却表明：车祸并非不可避免。2004 年，美国每 10 万人中就有 14.5 人因交通事故丧生，在德国这种高速公路不限速的国家，这个数字仅仅是 7.1，丹麦大概是 6.8，日本是 5.8，英国仅有 5.3，[27] 哪里更少？——纽约，只有 3.1。实际上，自从 2001 年 9 月 11 日之后，纽约在交通上挽救的生命多过了那场恐怖袭击所夺走的生命。[3]

如果我们整个国家的交通事故率都达到了纽约的水平，则每年因车祸丧生的人数可以减少 2.4 万。[4] 旧金山和波特兰可以和纽约一决高下，这两个城市中每 10 万人交通事故死亡人

1　此计算依据布鲁斯金学会中关于美国大都市区机动车行驶英里数排名的数据。

2　受伤数据的统计是基于最近几年在交通事故中报道出的受伤人数是死亡人数的 70 倍。

3　理查德·杰克逊，《我们不会再创造幸福》（We Are No Longer Creating Wellbeing）。纽约 2004 年死亡率不到三万分之一，而 2010 年死亡率竟超过了三万分之四。对于有 800 万人口的城市来说，这两个比例之间的差别意味着每年多出超过 270 人的死亡。

4　纽约人和欧洲人的驾驶水平比我们的好吗？可能不是，正如你所预料的，车祸死亡率的不同在一定程度上是由于驾驶里程数的差异。但这只是原因之一。有些事实颇为有趣：2003 年，居住在最危险五个州的居民的驾驶里程数比最安全五个州高出了 64%。假设交通事故死亡人数与驾驶距离只是简单的正相关，那么我们会认为最危险的五个地区因交通事故导致的平均死亡人数比最安全的五个地区高出 64%。但是事实上，这个数字是 243%。在最不安全的州每驾驶 1 英里比在最安全的州驾驶 1 英里死亡的可能性高出不止两倍（计算是基于驾驶和生存公司（Drive and Stay Alive, Inc.）收集的国家交通死亡数据，以及美国研究和创新技术管理局的国家车辆行驶里程（VMT）数据）。

事实上，美国除了纽约之外，另外四个最安全的州也都位于东北地区：马萨诸塞州（比纽约还安全）、康涅狄格州、新泽西州和罗德岛。而最不安全的地区基本上都在乡村：怀俄明、密西西比、蒙大拿和南达科他。与驾驶里程相比，这些地区最主要的差别不在于驾驶里程而在于城市化。最安全的五个州的平均人口密度是最危险的五个州的 18 倍（数据来源于美国人口普查局）。这些地方历史悠久，是根据第二次世界大战前更适宜步行的城市模式发展而来的，而不是战后高速发展模式城市的产物。这就是为什么在南达科他州开车行驶 1 英里发生车祸死亡的概率大概是在马萨诸塞州驾驶同样距离的三倍。

数分别是 2.5 和 3.2。而亚特兰大却高达 12.7，反城市建设的坦帕市（Tampa）则高达 16.2。[28]
很明显，影响这些数字的不仅仅是你开车开了多远，还有你在哪里开车，更准确地说，这些
地方是如何设计的。那些年代久远、密度高一些的城市，车祸发生的概率要低于那些新兴的、
布局分散的城市。如果一个地方建设是以机动车为中心的，那么这个地方最容易发生车祸。

　　我提供这些信息的目的在于指出，虽然美国人可能已经把机动车带给我们的巨大危险归
结于命中注定，而实际上我们完全可以掌控这件事——从长远来讲，在于我们如何设计城市；
从近期来看，在于我们选择居住在哪里。当我们意识到在过去的几十年有如此多的人声称为
了家庭安全逃离城市而搬向郊区时，这个讨论就显得特别带有讽刺性。大家都知道杰克逊医
生特别喜欢问他的听众一个问题，"在什么样的社区里你最有可能死于非命？"[29]他提到了
艾伦·德宁所从事的工作，即分析一个地区中车祸和犯罪这两种因素共同作用产生的死亡风
险，包括波特兰的西雅图和大不列颠哥伦比亚省的温哥华。他发现，整体而言，如果综合考
虑这两种因素，居住在市内的安全性比居住在郊外要高 19%。[1]

　　就在不久前，弗吉尼亚大学的威廉·露西完成了几个关于机动车事故和陌生人谋杀案件
的深入研究。其中一个研究发现，弗吉尼亚州最安全的十个地区中，有八个是在人口密度高
的城市，有两个是毗邻华盛顿特区的郊县；而最不安全的十个地区均在低人口密度的郊区。[30]
另外，他还比较了美国八个大城市 1997 年至 2000 年期间车祸和犯罪的统计数据，定量分析
结果显示出了更强的说服力，证明了这个基本判断的正确性：在所有的研究地区因车祸造成
的死亡人数远远高于谋杀。总体而言，在类似于匹兹堡这样的老城的市中心是非常安全的，
但是在更加现代化的城市，如达拉斯和休斯敦，由于市中心的步行性非常差，其交通事故发
生率几乎和郊区一样糟糕。然而即使达拉斯每年每 10 万人中就有 14 人死于交通事故，但仍
然比周边一半的地区安全很多。[2]

1　詹姆斯，《研究发现汽车使郊区比城市更危险》（Cars Make Suburbs Riskier Than Cities，Study Says），A1，A20。值得注意
的是，这项研究早在 20 年前就已经完成。那时，美国很多城市的谋杀率是现在的三倍 [凯文·约翰逊，朱迪·金和威廉·M·韦
尔奇，《美国大城市的谋杀案减少》（Homicides Fall in Large American Cities）]。
2　简·福特，《危险的郊外住宅区》（Danger in Exurbia），假如人们知道这些数据，他们在选择居住地时会受影响吗？可能不会。
因为驾驶的操纵感使我们产生一种自信，即在道路上可以掌控自己命运。另一份针对由于自身原因造成交通事故而在医院
接受康复治疗的患者调查显示，85% 的人表示自己的驾驶技术算得上"中等以上"（美国公用无线电台，2010 年 7 月 20 日）。
但是暂且不论个体驾驶者，大多数人很欣慰地看到这些统计数字对政府政策产生了影响，尤其是在州和联邦政府层面。考虑
到交通事故带来的巨大经济损失和人力成本，加上不适宜步行地区的死亡人数不断增加，这对投资改善步行性就有极大的意
义。9·11 事件后，我国情报机构的规模扩大了一倍，现在基本上有 1% 的美国人获得参与机密、秘密和绝密工作的许可（简·迈
尔，《机密分享者》（The Secret Sharer），48）。而 9.11 事件后有 40 万人因交通事故去世，我们的领导者是如何回应的呢？这
些问题有可能随着时间的流逝而逐步得到解决。显然，我们的政府还是那个联邦政府，那个曾在 1970 年声称"安全所带来
的潜在好处不足以抵消制造商和大众所花费的成本"的政府（国家公路交通安全局）。

2.4　紧张和孤单

杰奎琳·麦克法兰是一位医务社工，主要专注于亚特兰大通勤者驾驶紧张感的研究。她教她的患者借助"情绪释放"技术（Emotional Freedom Techniques，EFT），在驾驶中保持冷静。"这种技巧主要是敲打身上的某些穴位，保持情绪稳定"。[31]

我们姑且相信这种方法行之有效。一名德国学者研究发现，"在突发心脏病的患者中，有很高比例的患者在发病的那天遭遇过交通拥堵"。这项研究的结论是，如果开车一小时，那么在随后几小时里心脏病发作的风险会增至三倍。[32] 一个比利时学者在《柳叶刀》（*The Lancet*）中发表的文章中指出，通过研究发现，驾驶汽车比其他任何活动，甚至是强体力活动都更容易引发心脏病。[33]

目光转向美国，迈阿密的一项研究显示，"大学生驾车穿行城市 45 分钟后，血压升高、心跳加速并且挫折耐受力变弱。"这个研究在《城市扩张和公共健康》（Urban Sprawl and Public Health）中也有提到，杰克逊医生和他的同事们在书中对驾驶压力（driving stress）、路怒症（road rage）以及这些症状对全民福利的影响进行深入探讨。这些数据不容忽视——但我们暂且把这个话题搁置一下转而讨论一下幸福感。我们真的愿意花费那么多的时间开车兜来兜去吗？

虽然我们中的许多人喜欢驾驶，但却痛恨长距离上下班。不出所料，相比于驾驶时间短的人，通勤时间越长的人反映的"满意度越低"。[34] 有研究显示，"23 分钟的通勤时间对幸福感的影响等同于收入减少 19% 所造成的影响"。而 23 分钟根本不算长——比全国平均通勤时间还略短一点。另一份问卷调查显示，有 5% 的受访者提到"如果能够在家工作而不用开车上下班，那么他们愿意为此离婚"。[35]

据普林斯顿大学的心里学家丹尼尔·卡尼曼宣称，通勤是日常活动中最不受欢迎的，甚至比家务劳动和照顾小孩更遭人嫌恶。使人感到意外的是"亲密关系"得分最高，而紧随其后的是"下班后的社交活动"。[36]

通勤交通既没有什么幸福感可言，还消减了人们的社会资本。哈佛大学的罗伯特·普特南教授在他出版的《一个人的保龄球》（*Bowling Alone*）中提到，美国社会资本显著减少、并指出通勤时间几乎比其他任何因素更能影响公民的社会参与。他表示，"日常通勤时间每增加 10 分钟，对社区活动的参与就相应减少 10%，意味着会有更少的人参加公众会议、委员会会议次数会减少、负责请愿书签署的会务人数减少、更少人参与教堂服务工作，等等"。[37]

这个论断看起来完全符合逻辑，毕竟一天中可支配的时间的确有限，但这仅仅解释了整个问题中的一部分——公众参与活动的减少不仅仅因为在回家路途中消耗的时间长，还取决于所在地的街坊是怎么样的。许多公众参与是人与人面对面的交流，源于街道上的互动。对此，简·雅各布斯是这样讲的："对城市公共生活大有裨益的小改变来源于街道上看似普通、无意和随机的交往。"[1]

关于现在，我们有一些好消息，所以让我们把目光转向《国家地理》（National Geographic）杂志的富有魅力的主持人、同时也是畅销书《蓝色区域：向长寿者学习如何长寿》（The Blue Zones: Lessons for Living Longer from the People Who've Lived the Longest）的作者丹·比特纳（Dan Buettner）。他在访问了全世界最长寿的地方后带给我们"长寿的几个秘诀——全球跨文化健康长寿最佳实践的精华"。第一个秘诀是什么？"自然而然地行走。"他解释道："什么也不去想，只是去做些运动……所有的长寿之星既不去参加马拉松也不去参加三项全能比赛，也不会把自己变成只在星期天上午锻炼身体的"周末战士"，而是进行有规律的、低强度的体力活动，而这些体力活动通常是日常劳作的一部分"。[2]比特纳引用了明尼苏达州老年教育中心总经理罗伯特·凯恩说过的话，"尝试着改变你的生活方式，不要仅仅为了锻炼而锻炼。比如，出行时选择自行车而不是小汽车，步行去商店而不是开车……让这些融入你的生活习惯中"。[3]

像大多数关注这个问题的作者一样，比特纳及他收集的证据忽视了这样一个问题：这种生活方式的选择如何受到城市建设环境设计的必然影响？这种生活方式与地方环境有极大的关联——毕竟蓝色区域是一个地理区域。我们缺乏一种共识，即对一些地方而言，步行去商店更方便，更有乐趣，更容易变成一种习惯。而正是这些地方最大程度地展示了当今世界生理和社会健康的未来。

---

1 《美国大城市的死与生》（The Death and Life of Great American Cities），72。帕特南没有测量可步行性，但是新罕布什尔大学在2010年做了这项研究。研究者第一次全力去完成两个城市（新罕布什尔州的曼彻斯特和朴次茅斯）可步行性的比较工作。两个城市都具备有吸引力的混合功能的城市中心以及城市扩张控制线。他们从20个邻里单元中抽取了700名受访居民，根据可步行性将这些地区划分为比较适宜步行的地区和不太适宜步行的地区。最终发现，"那些居住在比较适宜步行的社区中的居民更信任自己的邻居，更多地参与社区活动、俱乐部和志愿活动，而那些把看电视当作日常主要休闲活动的居民多居住在不太适宜步行的邻里单元"［（罗杰斯等（Rogers et al.），《测度步行性》（Examining Walkability），201-203]。
2 《蓝色区域》（The Blue Zones），220，值得注意的是第四个秘诀："购买高品质的红酒"，这无疑增加了这本书的吸引力（240）。
3 《蓝色区域》，223。根据《纽约时报》，"近期进行的一项关于运动和死亡的荟萃分析显示，总体来看，久坐不动的人如果从现在开始每周快走5次，每次30分钟，那么他（她）因任何原因而过早死的风险就会下降近20%[格雷琴·雷诺兹，《什么是最好的运动？》（What's the Single Best Exercise?）]。

　　哥伦比亚波哥达的前任市长恩里克·潘纳多萨（Enrique Peñalosa）则从更加简单的角度谈到这个问题，"上帝把我们塑造成了能够行走的动物——步行者，就像鱼儿需要游泳，鸟儿要去飞翔，小鹿要去奔跑，而我们需要行走，不只是因为这是我们的存在方式，也是为了快乐"，[38] 这样的想法是美好的，而且是如此的显而易见，而又几乎是无从证明的。但是我们的确知道，为了健康我们需要运动，而步行是大多数人类保持健康最简单有效的方法，让我们将步行变得更加方便。

第三章 绿色，并不是那么回事

没有 CAR(汽车)你拼写不成 CARBON(碳元素)；只见树木不见森林；曼哈顿是人们心中的麦加；
幸福的城市生活

2001 年，芝加哥内城邻里技术中心[1]的斯科特·伯恩斯坦（Scott Bernstein）制作了一系列至今仍然在改变我们对这个国家看法的地图，至今这些地图还影响着我们对郊区的思考方式。值得注意的是在这些地图中，红色和绿色调换了位置。这个转变大概已经超出了关于健康的讨论，又一次影响了人们对提升可步行性的认识，预示着要进一步将可步行性放在举足轻重的位置。

这两种颜色所表示的是不同的碳排放量。在典型的碳分布地图上，碳排放量最大的区域用鲜红色表示，碳排放量最小的地区用绿色表示，在两者之间会用橙色或黄色表示。基本上，色调越暖，意味着对气候变化的影响越大。

这些地图曾一度被看作是美国夜空的航拍图：城市的颜色总是暖色调，而郊区通常是冷色调，最冷的颜色在乡村。如由普杜大学的火神项目（Vulcan Project）在 2002 年制作的碳排放分布图，无论在何处，人口多的地方污染就严重。一份典型的碳排放分布地图会传递出一个明确的信号：乡野是美好的，城市是糟糕的。

在很长一段时间里，这种测度碳排放分布类型的地图只有一种，而且根据一个地方人口的分布判断碳排放的分布看似非常符合逻辑。但是这个逻辑却是建立在有欠严谨的假设基础上的。测量碳排放量的最合理的方法是按照单位面积吗？事实却并非如此。

最合理的方法应该是测量每个人碳排放量。评价一个地方的碳排放不应该着眼碳排放总量，而应该是在那个地方生活要产生多少碳。任何时间点美国的人口数都显得太多，可以鼓励他们居住在生态足迹最小的地方。这些地方原来是城市，而且人口密度越高，生态足迹越小。

因为这个原因，当伯恩斯坦把碳排放测量的指标由每平方英里转变为每个家庭时，

1　邻里技术中心研究美国城市的生活和工作成本。

颜色马上对调了。现在他们的网站上展示了数百个美国大都市区，从东海岸的阿比林到西海岸的尤马，每个大都市区中颜色最红的区域必定是远郊，而颜色最冷的地区正好是市中心。

准确地说，伯恩斯坦的地图有一定的局限性，其并没有显示所有的碳排放，而仅显示家庭使用机动车所产生的二氧化碳，因为得到这个数据更容易。但是这个伴有缺陷的指标是非常有实际意义的，原因如下：首先，它让我们相信了机动车不仅是碳足迹总量的最大贡献者，而且是预测碳足迹总量的可靠指标；其次，对于许多人来说，限制温室气体排放的问题远远不及对国外汽油依赖的问题紧迫。

3.1　没有 CAR（汽车）你拼写不成 CARBON（碳元素）

根据最近的统计，我们每分钟要向海外输出 612,500 美元来支持我们当前依赖机动车出行的生活方式。[1] 累积起来，相当于在过去几十年中把大量财富和权利从美国转移到中东石油国家和能源丰富的俄罗斯，而且这种转移是不可逆的。[2] 这些输出的资金很快达到每年 3300 亿美元，迪拜和阿布扎比修建了令人惊叹不已的地铁系统。再加上我们花费 7000 亿美元的巨额军事预算来保护这些可疑的国外利益(汽油)，[1] 很显然，早在油气资源开始枯竭之前，我们对油气的强烈需求就可能摧毁美国的经济。

电动汽车是应对这一问题和挑战的一条出路吗？混合动力车当然不可以。混合动力汽车略微改善了单位油耗，通常会使驾驶者有一种在更宽敞的汽车里行驶更远距离的良好感觉。每当我看到公共停车场上标有"只供混合动力汽车使用"的标志时就感到有些气愤，我们明白这里供耗油量为 21mpg（每英里加仑数）的雪弗兰塔荷混合动力汽车使用，而不接受传统的耗油量 35mpg 的福特嘉年华。[2] 理论上你同时开两辆 1990 款吉优都会（Geo Metros）仍然比开一辆雪弗兰省油。

相比之下，纯电动汽车似乎为我们不再依赖国外石油提供了真正的解决方案——但是我们要付出怎样的环境代价呢？美国的大多数电力汽车本质上是燃煤汽车，[3] "洁净煤"当然

1　在《车劫》（Carjacked）中，凯瑟琳·鲁兹和安妮·费尔南德斯指出，"每年军费预算中，仅掌控石油资源款项的费用就达到了百分之 10 到百分之 25"（96）。

2　雪弗兰塔荷的数据也是来自于《车劫》，其作者指出，塔荷的混合动力车的成本比同款普通燃油车高出近 13000 美元，而每加仑也只能过能多跑四英里而已（《车劫》，88）。

3　截止到 2010 年，美国几乎一半的电力来自于燃煤发电，是位居第二的天然气发电量的两倍 [美国能源信息管理局，《能源资源净发电》（Net Generation by Energy Source）]。

是个幻想[3]。无论在其提取还是燃烧方面，煤只会让汽油看上去更加环保。[1]

更准确地说，就单位英里而言，电动汽车比燃油汽车对环境的污染更少一些。日产奥蒂玛[2]每百英里会排放90.5英镑温室气体，而纯电动车日产聆风[3]则会释放63.6英镑温室气体。看上去是个明显的改进。但是，开奥蒂玛每英里需支付14美分油费，而开聆风每英里的花费不到3美分，[4]由于供求定律，这种差异导致开聆风的司机驾驶的里程更长。

到底多了多少？我不知道。但是我知道的是，在瑞典，激进的政府补贴使得电动汽车的人均销售量达到全球最高。结果却是让人震惊的，"瑞典由于交通而排放的温室气体增加了"。[5]正如费明·德布板德报道的那样：

其实我们不用感到惊讶。当人们驾驶的车辆使其感到开车很坦然（至少负疚感少些），而且买车和开车的花费都很低时，你认为会出现什么情况呢？自然地，他们会更多的使用汽车。实际上这些增加的里程抵消了燃油效率提升而节省的能源。[6]

很明显，电动车辆用正确的答案回答了错误的问题。当我们意识到尾气污染仅仅只是汽车生态足迹的一部分时，这个事实就更加明晰了。正如战略咨询顾问迈克尔·梅哈飞（Michael Mehaff）所描述的这个生态足迹包括了"生产汽车的过程中排放的污染气体；街道、桥梁和其他公共基础设施的建设；基础设施的运行和维护及车辆的保养和维护所消耗的能源；精炼燃料消耗的能量；以及使用的管道、大卡车和其他设施在运输燃料中所消耗的能量"。这些加起来对大气造成的污染大概达到了单纯的汽车尾气排放污染的50%以上。[7]

但这仅仅是一个开始，更大的乘数效应来自于当我们驾驶汽车后，所有其他的和汽车不直接相关的消费模式都扩张了。在《绿色大都市》中，大卫·欧文对此这样谈到：

1　另外，由于联邦政府的微薄投入，要在风能、太阳能、水能、潮汐能甚至核能发电领域有更大的提升，需要一代人的时间。走上能源独立之路几乎是不可避免的，这对于国家的安全以及偿债能力是如此的重要，可以把我们带出乌黑的山谷——更大的碳排放量。正如大卫·欧文（David Owen）在《绿色大都市》（Green Metropolis）中提到，"一双无形的手时不时会掐住我们的喉咙"（66）。丹尼尔·格罗斯（Daniel Gros）在《煤 VS 汽油：纯碳 VS 碳氢化合物》（Coal vs. Oil: Pure Carbon vs. Hydrocarbon）中提到同样的内容。achangeinthewind.com，2007 年 12 月 28 日。美国的发电工程还要对水消耗担负20%的责任 [约翰·f·沃斯克（John F. Wasik），《穷途综合症》（The Cul-de-Sac Syndrome），60]。

2　日产奥蒂玛（Nissan Altima），日产的一款车名，排量 3.5 升。

3　日产聆风（Nissan Leaf），日产聆风为五门五座掀背轿车，由层叠式紧凑型锂离子电池驱动，在完全充电情况下可实现 160 公里以上的巡航里程。

汽车的真正问题不在于单位油耗太大，而在于它使人们轻松就可以在空间上分散开来，在于鼓励本质上造成浪费和损害的土地开发方式……在典型的美国郊区，能源枯竭的关键不是在道路上行驶的悍马[1]；而在于悍马使其余所有的事情变成了可能——超大的房子和需要灌溉的后院，新建的接驳路和社区道路构成的路网；供电网络昂贵而低效地向外扩张；同一个模式建设的商店和学校以及两个小时的单程通勤。[8]

因此，当我已花费了大量精力说明出行方式比生活方式更加重要时，结果却是我们的出行方式很大程度上决定了我们的生活方式。

3.2　只见树木不见森林

当我们在华盛顿建造新住宅时，我们也竭尽可能地了解在环保建材商店中能够购置的物品。我们会购进竹地板，安装辐射取暖器，双层隔热墙，双冲式马桶，太阳能热水器以及镶12板的2.5千瓦的太阳能光伏系统。我们想当然地认为在高科技的柴火炉中燃烧松木比其在森林中自然分解对大气产生的污染更少。

但是与生活在适宜步行的社区所能省下来的能耗相比，利用这些新材料和技术减少的所有能耗只能相形见绌。事实上，把郊区住房内所有的白炽灯都换成节能灯后，一年所节省的能源也仅相当于居住在适宜步行的社区一周节省的能源。[9]但是为什么我们国家关于可持续发展的讨论大多关注前者，而不是后者呢？威托德·里布金斯基（Witold Rybczynski）给出了这样的解释：

政治家和企业家把"绿色低碳"作为一种美化装饰推销给公众，而不试图通过改变目前的行为减少碳排放。传递出一种"你现在怎么做，就怎么做"的信息，只需多增加一个太阳能板，一个风车，铺设竹地板，或诸如此类的东西。但是一个郊区中的太阳能住宅，始终建在郊区中，假如你需要开车到那里去——即使是普锐斯（丰田公司的普锐斯是目前世界上唯一实现量产的节能环保汽车），也很难真正做到绿色环保。[10]

规划师们通常把这种现象称为"绿色的小发明"（gizmo green）：痴迷于"可持续"这一

1　Hummer（悍马），美国汽车，以耗油大而著称。——译者注

概念的产物，当与居住地的碳足迹比较时，其碳足迹统计数据微不足道。如上所述，我们所居住的地点对碳排放影响巨大，这取决于我们对机动车的依赖程度。

美国环保署（EPA）最近的一份研究《区域效率和建筑形式——基于 BTU 的研究》更详细地说明了这个观点。[11] 这个研究比较了四个要素：以机动车为主还是步行性的社区；传统建筑还是环保建筑；一宅一户还是一宅多户；传统汽车与混合动力汽车。结果清晰表明，虽然每个因素都有影响，但是否适宜步行对结果的影响是最关键的。特别是这个研究发现在以机动车为主的地区，交通耗能始终是家庭能耗中最多的，在某些情况下交通能耗是家庭日常能耗的 2.4 倍。因此，就算你拥有一辆普锐斯，住在位于郊区而又最环保的住宅，依然比不上住在位于适宜步行的社区最不环保的住宅那样节能。[12]

重要的是美国环保署正在努力宣扬这个观点，即就碳排放而言，社区的规划和建设比建筑设计更重要，但是谁听进去了呢？当然不是美国环保署。这个研究成果发表后的仅仅一个月，该机构就宣布拥有 672 名雇员的第七区域总部由堪萨斯市市中心搬到了遥远的，步行指数为 28 的莱内克萨郊区。为什么他们会选择搬去距市中心 20 英里之外苹果蜂的商务办公区（Applebee's office park[1]）呢？当然啦，原因是这些建筑获得了 LEED[2] 认证。[13]

凯德·本菲尔德（Kaid Benfield）在资源保护委员会长期从事环保监察工作。他通过计算发现"美国环保署第七区总部周围的居民平均每月排放 0.39 公吨的二氧化碳，新总部区位造成的交通碳排放量则高达每月人均 1.08 公吨……是整个区域平均值的 1.5 倍"。[14]

当然这些数字是美国环保署员工碳足迹实际增加量的换算值，他们中的大多数人大概不会选择搬离现在的住宅。假设这些员工按常规的方式分布在堪萨斯市周围，大多人的通勤距离都会增加，其中许多人的通勤距离达 20 英里或更多。那些曾经可以坐公交车上下班的人现在却要驾车行驶在高速公路上。

要是情况没有这么糟，那倒蛮滑稽的。就算新建筑凭借其经过 LEED 认证的优势能减少一些碳排放量，但它减少的这一点点远不及它因地理位置而浪费的多。[3] 大卫·欧文称这种"只见树木，不见森林"的做法为"LEED 思维"（LEED Brain）。越来越多的地方政府和公司，包括联邦政府、纽约、芝加哥、旧金山、哥伦比亚特区等及大量其他的机构，都

1　Applebee 是美国一家快餐连锁店，其总部 2011 年 9 月从堪萨斯郊区的莱内克萨郊区搬到了市中心。——译者注

2　LEED 指的是现在被广泛采用的美国绿色建筑委员会所制定的标准，即 Leadership in Energy and Environmental Design（绿色能源与环境设计先锋）。

3　市中心的建筑虽然没有获得 LEED 认证，但也不会像一个大量吸进能源的黑洞［凯德·本菲尔德，《美国环保署 7 区：可持续的建材只是一个笑话》（We Were Just Kidding About That Sustainability Stuff）］。

致力于建设符合 LEED 标准的建筑，这值得庆幸。形势已然成风，以至于如果没有 LEED 资格认证，你基本上无法被聘为建筑师。

城市区位确实是影响 LEED 建筑等级评定的一个因素，但这只是众多因素中的一个，以致城市中心区的节碳总量总是被低估。由于"聊胜于无"的思维惯式，LEED 像普锐斯一样成为节能的法宝，从而阻碍我们深入思考在更大的范围产生的碳足迹。对于大多数组织和经营机构来说，（满足）LEED 标准已经足够了。但这是非常糟糕的，正如交通规划师丹·马娄夫（Dan Malouff）形容的"如果没有好的城市设计，即使建造了 LEED 认证建筑，也如同用混合动力推土机推掉热带雨林。"[15]

3.3　曼哈顿是人们心中的麦加

在美国，如果人口密集、公交服务良好值得推崇，那么纽约就是最好的。大卫·欧文在《绿色大都市》中清晰详尽地表述了这一观点，当然这本书是过去几十年中关于环境最重要的著作。该书值得我们用心研读，它会让你的思想发生深刻的转变。

正如欧文自己提到的，美国环境保护运动是美国历史上的一场反城市运动，这和大多数美国人的认识一样。这种思潮可追溯到托马斯·杰斐逊，他把大城市的出现比作"人类道德、健康和自由的瘟疫。"他严肃地指出："当我们像欧洲一样一个又一个地堆积在大城市，我们就会像欧洲一样腐败，也会像他们那样相互厮杀。"[16]

考虑到 1780 年美国人口数量还不到当前总数的百分之一，就不难理解为什么杰斐逊只能看到分散的好处。再加上当时的土地和其他资源从表面上看起来无穷无尽，没有理由不让我们生活的空间更加广阔，更何况交通的最佳副产物是能够促进发展。

不幸的是，在之后的两百年里，美国发生了日新月异的变化，而反城市的精神却被封存起来。人们既期望在自然中与世隔绝，又需要集体生活，这导致了我们目前所说的城市蔓延，这种蔓延在很多情况下就是试图把城市的交通拥堵和乡村文化结合为一体。[17] 现在人们充分认识到郊区开发产生的环境后果，新一代的思想家终于以审视的眼光看待旧的范式。这其中包括大卫·欧文——和简·雅各布斯一样，是一个纯粹的作家，还有经济学家格莱泽（Ed Glaeser），他认为："我们人类是具有破坏力的物种，假如你热爱大自然，那么请远离它。保护环境最好的办法就是居住在城市中心。"[18]

在美国，纽约是独一无二的。欧文的那本书原来书名叫《绿色曼哈顿》（*Green Manhattan*），里面全是让人震惊的数据。纽约人均耗电量大概是达拉斯居民的三分之一，最终其人均产生的温室气体不到美国平均水平的三分之一。其中"最纽约"地区——曼哈顿，人均消耗的汽油仅是"美国 20 世纪 20 年代中期的水平"。[19] 此类例子不胜枚举，我们在前文中也讨论过这个城市的交通安全数据让人印象深刻。

纽约是美国人口密度最高的大城市，无独有偶，它也是公共交通服务最好的城市。美国其他所有城市的地铁站数量的总和也超不过纽约大都会交通运输管理局（Metropolitan Transit Authority，MTA）的 468 个站点，就资源利用的效率来说，这已经是我们的最佳水平。这值得骄傲吗？人口密度各异、出行方式多样的其他城市能够做得更好。的确，纽约人均汽油消耗量仅是亚特兰大的一半（分别是人均每年消耗汽油 326 加仑和 782 加仑）。但是多伦多仅为纽约的一半，悉尼也在这个水平上，大多数欧洲城市的人均消耗汽油量只是纽约、悉尼的一半。而香港的人均汽油消耗水平更是仅有欧洲城市水平的一半。[20] 假如让 10 个香港人搬去纽约生活，并维持其在香港的汽油消耗总量，那么其中的 9 个人就只能待在家里了。

在我们思考未来几年汽油价格飙升带来的影响时，这些数字对我们有特别意义。当油价达到每桶 200 美元时，哪个国家或城市有可能表现出最强的竞争力呢？巴黎是已下定决心减少对机动车依赖的城市之一，这个城市打算铺设 25 英里的公交车专用道，在城市 1450 个地点放置 2 万辆公用自行车，还承诺在接下来的 20 年，每年取消 5.5 万个停车位。这些措施听起来非常激进，但得到 80% 市民的支持。[21]

3.4　幸福的城市生活

上述事例和数字令人震惊，也使人感到沮丧。其他国家已把我们远远抛在后面，我们只能望其项背了，还有努力的必要吗？

回到 1991 年，塞拉俱乐部（Sierra Club）的约翰·霍兹克劳（John Holtzclaw）对加利福尼亚州 28 个人口密度差异很大的社区进行了出行习惯的研究。他发现城市性与行车里程数之间存在着反比关系，这与其预期相一致。然而，出乎预料的是，他还发现数据呈明显的锐曲线分布，密度越低时，增加密度所带来的效果越明显。增加郊区的密度所产生的影响比增加城市的密度要大，行车里程的大幅减少发生在大地块的独立住宅到每亩 10 ～ 20 住宅单元的密度区间。而每亩 10 ～ 20 住宅单元的密度代表了由公寓、联排别墅及一些散步的独立住宅构成的传统城市的住宅密度。相比之下，如果住宅密度进一步提高，即使达到每英亩 100 户以上，虽然会减少行车里程，但效果不明显。

他随后对纽约和洛杉矶进行了相似的统计研究，发现这些地方的数据都可以拟合成几乎相同的曲线。在每个案例点，居住密度从每英亩 2 个住宅单元增加到 20 个住宅单元所节省的驾驶里程与居住密度从每英亩 20 个增加到 200 个是一样的。[22] 对于城市形态学的学生来说，这些结果并不让人惊讶，因为每英亩 10 ～ 20 住宅单元的密度是以小汽车为主的郊区和适宜步行的都市的转折点。这当然也会存在一些例外（如让人讨厌的停车场 + 塔楼模式），但是大多数的社区在高密度的情况下都会规划成传统的、多功能的、步行友好的邻里环境，即诱使人们放弃小汽车的居住环境。而在此基础上无论做什么都是锦上添花。

这意味着，虽然美国人要想赶上欧洲或者亚洲城市可持续发展水平还有很长的一段路要走，每个小小的努力都使我们离这些标兵更近一点。但不是每个美国人都会因气候变化或者油价变高就有改变行为的意向，即使我们当中有具备这种意识的人，也总是很难将其转化为行动。当然，除非我们国家面临前所未有的危机，不可能借助任何可持续发展的理论改变大多数人的行为。那么怎样才能做到呢？

美世调查（Mercer Survey）是确定全球生活质量排名的黄金准则，其仔细对比全球各个城市的十个属性，包括政治稳定性、经济发展状况、社会发展水平、健康和卫生、公共服务、休闲娱乐、消费品、住房和气候。

排名结果每年都会有小小的变化，但是前十位的城市总是包括一批讲德语的地方（如维也纳、苏黎世、杜塞尔多夫市等），以及温哥华、奥克兰和悉尼。[23] 这些城市都具有紧凑型的居住模式，良好的公共交通系统，而且适宜步行的社区占大多数。事实上，在前五十名的城市中没有一个是汽车导向的城市。2010 年美国排名最靠前的城市有火奴鲁鲁、旧金山、波士顿、芝加哥、华盛顿、纽约和西雅图，而其中最好的城市在世界上的排名也只是第 31 位而已。1

《经济学人》（Economist）也有自己的排名结果，虽然它使用了美世的数据，但排名结果却不尽相同。由于它的排名偏向以英语为母语的国家，因而受到批评。排名前十的城市中有八个集中在加拿大、澳大利亚和新西兰，虽然这个结果对美国没什么帮助，但值得注意的是，名列前茅的城市依然是更适宜步行而不是开车。

无论你相信谁，事实显而易见。虽然美国城市的效率比郊区高一倍，而耗能却是那些欧洲、加拿大、澳洲和新西兰城市的两倍。然而人们认为这些外国城市的生活质量远远高于美国的城市，但这不意味着生活质量和可持续发展有直接的关系，只不过对许多美国人而言，

1　美世咨询（Mercer）"2010 年全世界宜居城市排名"，Mercer.com。排名最后的是巴格达。

为了追求好的生活，可能会搬到类似上述城市的地方生活，或者会把其所在的城市打造成上述城市。这个转变包罗万象，但必须要做的一项就是提升城市的可步行性。

大不列颠哥伦比亚省的温哥华是在《经济学人》中排名第一的城市，就是一个很好的例子。在 20 世纪中期，这个城市和美国的一般城市没什么区别。从 20 世纪 50 年代后期以来，当美国大多数城市都在修建高速公路时，温哥华的规划师却倡议在市中心建设高层住宅。这项策略强调公共绿地和公共交通的重要性，其实施建设在 1990 年中期达到高潮，产生了深远的影响。此后，全市步行和自行车出行量翻了一番，在所有出行方式中所占的比例从 15% 增加到了 30%。[24] 温哥华在宜居城市排名中并非第一，因为它把精力放在了发展的可持续性上；可持续发展的同时，也使其更适宜居住。

生活质量包括健康和财富，它也许不取决于我们的生态足迹，但两者是紧密联系的。就是说，假如我们由于在高速公路上花费了大量时间，牺牲了鲜活的生命，而且产生了大量的污染，那么生活质量和生态足迹这两个问题都可以共用一个解决办法，那就是让我们的城市更加适宜步行。要做到这一点并非易事，但也并不是不可能，事实上，此时此刻很多地方已经实现了这个目标。

第二篇

建设步行城市的十个步骤

导　言

　　说起来可能有点奇怪，但我确实很喜欢汽车。青少年时期，我就订阅了两本汽车杂志:《名车志》和《汽车杂志》。坐在校车上的时候，我的绝技就是说出每一辆经过的汽车和厂家名字及其型号，在能力可行的情况下，我总是要手感最好的汽车。我特别喜欢高转速的日本跑车，就像我在 2003 年搬家时从迈阿密开到华盛顿特区的那辆车。那次的旅途非常顺利，借助于最先进的雷达检测器和顺风行驶，旅程大约 6 个小时。

　　但是我来到华盛顿之后，有趣的事情发生了。我发现自己驾驶的时间越来越少，但每英里支付的费用却越来越多。除了去家得宝[1]（Home Depot）和偶尔的乡村短途旅游之外，我几乎找不到其他理由把汽车开出车库。相对于步行、自行车和发达的地铁交通系统，开车几乎是最不方便的选择。另外，我公寓楼下的停车场要收取一大笔停车费用，再加上 Zipcar[2] 在我的社区内提供租车服务，很明显不开车是最方便的选择了。

　　回想我在迈阿密的日子，我的脑海中从来没有出现过卖掉汽车的想法。我的公寓位于南海滩装饰艺术区的中心，工作地点位于大陆的小哈瓦那，两者大概有二十分钟的车程。健身房在科勒尔盖布尔斯，离工作地点还要二十分钟车程。除非每天都吃古巴菜——这显然不利健康，否则吃午餐还要再开二十分钟的车，不然我就得顶着健康风险天天吃古巴食物。总而言之，我每个工作日都需要花费近 90 分钟的时间在路上，这对于一个美国人来说再正常不过了，我也没觉得有什么不好。

　　但在华盛顿，我很快就发现这种不依赖汽车的生活方式除了方便，还有其他好处。在不开车六个月后，通过走路和骑自行车我瘦了十英镑，而且还减少了交通拥堵给我带来的压力。我节省了数千美元的交通费用，同时我还借助步行和骑自行车的节奏所产生的体验，对这个城市有了更深刻的理解。最后，使用地铁的最好回报就是，我在交通站台的人群中遇见了未来的妻子。毫不夸张地说，我变得更健康、更富有、更智慧，并且更幸福——所有这些都归功于交通工程师所说的生活方式的改变。

1　即美国家得宝公司。为全球领先的家居建材用品零售商，美国第二大零售商，家得宝遍布美国、加拿大、墨西哥和中国等地区，连锁商店数量达 2234 家。——译者注
2　Zipcar 是美国最大的汽车租赁公司，建立于 2000 年。

　　这种转变恰恰是由华盛顿特区的城市设计所带来的。

　　华盛顿特区是为数不多的算得上汽车不是唯一出行选择的美国城市之一。只有纽约、波士顿、芝加哥和旧金山等少数几个城市为没有车的人提供了同等甚至更好的生活品质，这源于他们将小汽车出现以来的城市形态和后来开明的规划有机结合在一起。相反，绝大多数美国城市都基于每个人使用汽车进行设计和改造，导致每个成年人从 16 岁开始就必须拥有一部车。在这些城市，在美国的大部分地区，汽车不再是享受自由的工具，而是一种笨重、昂贵并且危险的假肢设备和美国公民的标签。

　　我摆脱了我的汽车，是因为我所在的城市的邀请和鼓励。并不是每个能做出类似选择的人都会像我一样受益，比如寻找到另一半，但是好处是显而易见的。除了减少汽车尾气排放和能源消耗对全球的影响以外，摆脱汽车对于个人财富和健康也有着巨大的好处。可惜并不是人人都被这种益处所吸引，我们的同胞中很大部分人未想过要放弃郊区的住宅和越野车。但是，正如我们所看到的，越来越多的美国人渴望充满活力的城市生活，而不是被困在汽车中，那些能够满足这种未满足的需求的城市将会繁荣起来。

　　这种情况正在发生。越来越多的美国人被那些具有商业活动、令人振奋和拥有街道生活的地方所吸引，这些都是以小汽车为主的地区无法提供的。对于这些人来说，大型商场是青少年的天地，自行车比汽车时尚，一个美妙的夜晚应该可以开怀畅饮而不用开车。那些将中心区的重建与革命性公交和自行车设施相结合的城市——如波特兰和加州，对那些有能力重新选择居住地的人而言，是当前的首选地。

　　对那些不具备选择能力的人而言，可以说每个城市都有将其居民从对汽车的依赖中解放出来的责任和义务。当一个城市这样做，每个人都会因此受益，包括这座城市。我和我妻子就是有力的证明。当我们在华盛顿特区建造新房子的时候，我们把工作室建在本该建车库的地方，并在应该建私人车道的空地上建了一个菜圃，虽然这使我们花了九个月的时间来满足停车的要求。现在，我居家工作，我们吃的几乎全部都是当地的时令蔬果。没有了汽车，我们的大部分消费都在社区附近，比如附近的餐厅和农贸市场。当我们需要电灯泡或是电线的时候，我们便骑自行车去位于洛根环的五金店（Logan Circle Hardware）购买，而不是开车去家得宝。我和社区中所有的无车一族在日常生活中的这种选择，都使得更多的财富集聚在社区内部。

　　这并不是意识形态上的讨论，我们并不追求一种刻意的步行生活方式。实际上，在写这本书之前，我们家仍在认真地考虑买一辆车。我们的第二个孩子出生了，这使得一辆私人汽车对生活质量的改善非常重要。对于我们这对背部酸痛的父母来说，要经常把孩子们的安全座椅从租来的车里搬上搬下，实在是一大负担。

这令你失望了吗？也许吧。但这样的事情对于那些不依赖小汽车也可以出行的城市来说是最正常不过的。我们过了七年没有汽车但多姿多彩的生活，其中的两年还带着孩子。将来我们也能再次过上这种没有汽车的生活。在可以自主选择出行方式的地方，步行将会成为一种最方便的出行方式。

步行不仅简单有益，而且愉悦身心。这使得大批人从美国飞到欧洲去度假，其中就包括那些把我们的城市环境搞得一团糟的交通工程师们。实际上，即便是思想僵化的交通工程师，也应该意识到在公共空间步行或骑行会产生愉悦的感觉。这样的旅游体验在华盛顿、查尔斯顿、新奥尔良、圣达菲、圣巴巴拉以及其他一些把步行上升成为艺术形式的美国城市已经非常普遍了。这些城市给人提供质量更好的生活，人们享有更高的生活水平。遗憾的是，这种体验本该是常态，但目前却成了一种例外。

确实不应该再这样持续下去了；但现实是，我们没有能力改变它。我们的国家需要一种新的常态，一种支持步行的常态。下面列举出来的十个步骤将使我们从现在的窘境转向未来应该达到的境况。

建设步行城市的十个步骤

实现步行的效用

步骤 1　让汽车待在它们应在的地方

汽车已经从城市的仆人变成城市的主人。过去的60年里,汽车成了塑造城市的主导因素。要将城市归还给步行者,就必须让汽车做回它该扮演的角色。这需要我们深入理解汽车及其附属的事物是如何扭曲美国的社区设计理念的。

步骤 2　功能混合

要想让人们选择步行,就必须保证步行能够使人们到达一些目的。在规划设计的过程中,要实现这个目标就需要借助功能混合,或者更确切地说,要通过在步行距离范围内合理地平衡不同活动之间的关系。虽然也有例外,但大部分城市中心功能都不均衡,只能通过增加住房供应才能实现功能混合。

步骤 3　正确的停车政策

正如安德烈斯·杜安尼所说,"停车决定城市命运"。正是这些不太显眼的力量,停车决定着很多市中心的兴衰。相对其他因素来说,停车配建标准和收费更能影响美国城市的土地配置,然而直到最近却没有任何的理论指导城市该如何合理利用停车场。不过,这个方法现在已经出现了,并且正在开始影响全国的政策制定。

步骤 4　让公共交通发挥作用

适宜步行的街区缺少公共交通也可以繁华起来,但是适宜步行的城市必须依靠公共交通。那些希望发展成为适宜步行的城市的地区在制定交通规划时必须充分考虑一系列经常被忽略的因素。这些因素包括公众对公交系统投资的大力支持、公共交通对房地产价格的影响以及城市设计对公交系统成败的重要性。

实现步行的安全

步骤 5 保护行人

这也许是十个步骤中最显而易见的方法，但这部分的可变性也最大，包括街区大小、车道宽度、车辆转弯、交通流向、交通信号灯、道路结构等一系列决定着车辆行驶速度及行人可能受到冲撞的要素。大部分美国城市的街道设计中，这些元素至少有一半是错误的。

步骤 6 倡导使用自行车

适宜步行的城市同时也适合自行车出行。因为自行车容易在步行的环境中盛行，这样驾驶汽车就变得没那么必要了。如今美国越来越多的城市为提倡自行车出行投入了大量资金，并取得了一些很不错的效果。

实现步行的舒适

步骤 7 打造适宜的空间形态

在规划设计中这一点大概最违反常理，也最容易出错。人们喜欢开敞空间和户外活动，但作为行人，人们也喜欢或者说也需要一种空间围合产生的舒适感。公共空间的适用性实际上取决于它们的边界，假如灰色空间（如停车场）或者绿色空间（如公园）过大，可能会迫使一个准备出来步行的人待在家里。

步骤 8 植树

就像公共交通一样，树木的重要性也得到了许多城市的认可，但几乎没有城市愿意为此作适当的投入。因此，这部分内容尝试充分地说明树木的价值并证明几乎每一个美国城市都应该在植树上投入更多的资金。

实现步行的乐趣

步骤 9 营造友好而独特的街容

如果相信证据的话，街道的活力有主要有三个"敌人"：停车场、药店和那些所谓的明星建筑师。这三个"敌人"所带来的是千篇一律的空荡荡的街面，漠视行人对街道娱乐性的需求。道路设计导则原本关注的是用途、容量和停车场，如今才开始考虑设计有利于步行的街道立面。

步骤 10　选择能够成功的街道

也许除了威尼斯之外，即使是在最适宜步行的城市中，也并非所有的地方都是可以步行的：那些有趣且适合四处走动的街道是有限的。因此，无论街道设计得如何完美，其中总有一些街道机动车交通仍占主导。同时城市必须有意识地选择步行中心区的大小和位置，去避免资源浪费在那些根本不能吸引步行者的区域。

第四章 实现步行的效用

4.1　让汽车待在它们应在的地方

高速公路与城市；我必须要提：诱导需求理论；它不仅仅是高速公路；摒弃交通工程师的传统观念；移除道路，交通量就会随之消失；步行区域不能矫枉过正；交通拥堵费：太锋利以致难以实施；长远的目光

汽车是美国城市的血液。即使是在步行和公交都非常发达的城市里，汽车依然无处不在，它们为街道带来了生动而有活力的景观。过去的失败教训告诉我们，彻底地禁止汽车带来的危险比益处更多。无论未来的技术革命会如何改变它们，可以肯定地说，汽车在我们的有生之年仍然是不可或缺的一部分。而这并没有什么不妥。

令人不安的是目前的状况，即放任汽车扭曲我们的城市和生活。对大多数美国人而言，汽车使以前不可能的事情变成现实，也增加人们的选择性，但这种日子已经一去不复返了。如今，正是由于对空间、速度和时间的需求不断增长，汽车已经重塑我们的景观和生活方式。汽车这种"追求自由"的工具，现在却在奴役我们。

考虑到美国精神的本质就是漫游，这种结果不足为奇。第一代美国人是游牧民族，他们被越洋而来的另一个种族取代。这样的历史背景令我们所有人都拥有一个共同的特质——我们不是本土人。想象在都柏林、巴勒莫、孟买或台湾的码头上吃着午餐的两兄弟，他们渴望地看着大海，其中有一个人有勇气登上一艘船，而另一个人则没有，猜一猜谁的孩子将会成为美国人呢？

美国人的漫游本质远在汽车时代以前就存在了。在路易斯·芒福德宣称"四叶苜蓿形的混凝土立体交叉路是我们的国花"之前，[1] 拉尔夫·瓦尔多·爱默生就曾写道"一切美好的事物都在公路上"。随后，华尔特·惠特曼进一步发挥道，"啊，大路哟，但我回答你，我不是怕离开你，而是我爱着你，你比我更能表达我自己"。[2]

但人们轻易会认为漫游是我们基因中固有的一部分，从而忽视了使美国不同于加拿大和澳大利亚的种种因素，而这两个国家至少最初和美国是一样的。它们都没有出台任何类似于我们国家 1956 年《国家州际和国防公路法案》的政策，并不是巧合，这两个国家也都没有受到如同我们的"公路帮"那样强大的游说团体的束缚。而"公路帮"是一个由"石油、水泥、橡胶、汽车、保险、运输、化工和建筑行业，消费者和政治团体，金融机构和媒体"组成的联盟，[3] 加上军队，他们成功地推动了新高速公路的建设方案。

在美国高速公路建设最繁荣的时期，通用汽车公司是世界上最大的私人公司。[4] 当时国

防部长，也即当时通用汽车公司的前任首席执行官，查理·厄文·威尔逊有一个著名理念："对国家好的事情，对通用汽车来说同样也是好的，反之亦然。"[1] 不管是否对美国有利，从 20 世纪中期开始的联邦高速公路的法案及其后续法律使得美国城市与其他国家的城市有了非常大的区别。

4.1.1 高速公路与城市

关于这个话题我读过的最有趣的文章是由英属哥伦比亚大学景观设计系主任帕特里克·康登（Patrick Condon）写的一篇鲜为人知的学术论文。这篇文章的题目叫作《加拿大城市与美国城市：引起我们差异的原因是一样的》（Canadian Cities American Cities：Our Differences Are the Same）。这篇论文的研究结果清晰地说明了高速公路的投资与城市物业价值之间有着显著的负相关关系。

研究者希望找到导致加拿大和美国城市发展差异的种种历史和文化因素。不料，他们发现这些城市在 1940 年以前几乎是相同的，由于建设公路及相关投资的差异，两个国家的城市走向了不同的发展方向。不管是美国城市还是加拿大城市，你需要知道的是依据高速公路投资的历史就可以准确了解房地产价格的历史变化趋势。

波特兰高速公路投资和房地产价格的关系图非常具有说服力，两者之间就像沙漏一样呈现完全的负相关关系。具体的情形是这样的：在 20 世纪 60 年代时，高速公路的建设逐年增加，房地产价格保持平稳；到了 70 年代，高速公路建设逐年减少，而房地产价格上升了；再到了 80 年代，高速公路的建设逐年增加，而房地产价格下跌；最后到了 90 年代，高速公路的建设逐年减少，房地产价格又重新回升了 [5]。

再者，相关关系不能说明是因果关系，但研究者找不到任何其他对房地产价格产生这种正相关和负相关影响的数据。不管是美国还是加拿大，区域高速公路投资较少的市中心，其房地产价格高于区域高速公路投资多的市中心。当然，大多数美国市中心区域高速公路的建设规模都超过加拿大的城市。因为在美国，道路建设资金中 90% 资金来于联邦政府。而在加拿大，政府投资只占 10%。[6]

对于美国大力推进高速公路建设是好是坏，人们还没有盖棺定论。但看起来在经济方面取得了巨大的成效——至少在美国的油井开始干涸之前是这样。但对于中心城市来说，这显

---

1 维基百科，"通用汽车 (General Motors) 的历史"。若想到即使在纳粹向美国宣战之后，通用汽车仍然为纳粹提供装备，这个评论就十分有趣 [查尔斯·海厄姆，《与敌人交易》(Trading with the Enemy)]。阿道夫·希特勒授予通用汽车首席执行官詹姆斯·穆尼一个金鹰勋章，奖励他对纳粹政权的支持和服务。

然是一个糟糕的发展策略，特别是当大都市的市长为了提供就业岗位而修订法案，要求在市中心再建设六千英里的高速公路时，情况变得更糟糕了。[7] 这些高速公路大部分都会穿过少数族群的社区，而这并不是高速公路建设的初衷，因为提出修建高速公路的人对其有更正确的理解。[1] 即使是痴迷于郊区化的路易斯·芒福德也承认，"在每个人都拥有汽车的时代，借助私人汽车可以到达城市内的每一座建筑的权力，实际上就是摧毁这座城市的权力。"[8]

　　具有讽刺意味的是，对联邦政府修建高速公路抵制程度最强的城市是首都华盛顿。现在许多居民都不知道，华盛顿地区本计划建设 450 英里的州际公路，其中有 38 英里要穿过华盛顿特区。多亏一场长达 22 年的政治斗争，实际上仅建成 10 英里州际公路。相反，很大一部分联邦资金被用于修建 103 英里的地铁系统，[9] 现在看来，这个项目对城市的复兴至关重要。

　　鲍勃和简·佛罗因德尔·利维在《华盛顿邮报》中对此进行了如下的描述：

　　超过 200,000 座房屋免遭破坏，大都会区周围还有超过 100 平方英里的公园绿地免于毁灭。整个城市都避免了让高速公路在购物中心的地下穿过，避免让它去侵扰稳定的中产阶级黑人社区，避免它在 K 街修建公路隧道，避免了破坏乔治城的海滨和波托马克河马里兰的河岸……否则，人们就会在距白宫南北约半英里，围绕城市中心的椭圆形环路上行驶。[10]

　　反对建设高速公路的人大部分是草根阶层，他们受到"白人的道路穿过黑人的住宅"这个标语的鼓动。人们躺在推土机下，把自己绑在树上，以反对高速公路的建设。反对者非常清楚事情的成败皆有可能，因为建设高速公路的提案受到了华盛顿权力机构的大力支持，包括《华盛顿邮报》、《明星晚报》、贸易委员会和"国会重要人物"，统治集团支持道路建设是那时的国家准则。因此，到最后，东海岸的大城市并没能像华盛顿特区那样阻止高速公路的建设。[11]

　　如果认为自从 20 世纪 50 年代的蓬勃发展以来，美国优先发展高速公路的观念有所减弱的话，那就错了，至少在联邦政府和州政府的层面不是这样。设想一下，如果世界上 4 个最大的公司中，有 3 个是美国的石油公司 [2]，这些公司对美国的竞选捐赠达数百万美元，

1　诺曼·贝尔·盖迪斯是拥有丰富学识的州际公路系统之父，在 1939 年时他曾经下达这样的规定，"坚决不允许高速公路侵犯城市"[转引自杜安尼·普莱特 - 柴伯克和斯佩克，《郊区国家》(Suburban Nation)，86-87]。
2　3 个石油公司分别是埃克森美孚、雪佛龙和康菲石油公司 (都是 2011 年财富 500 强公司)。这里所讲的 4 个公司中最大的是沃尔玛，它的整个业务模式是基于廉价的货车运输。

自然能保证道路建设仍然是重中之重。因此，即使你不是阴谋论者也会相信这一点。尽管关于公共交通有各种各样的说法，尽管推进铁路建设取得了重大的进展，联邦政府对高速公路的投资仍是公共交通的 4 倍。在 2011 年的时候，这笔资金的数额大约为 400 亿美元，还不包括对石油行业直接或隐性的补贴。据前加州环保署的官员特里·塔米宁（Terry Tamminen）的核算，该数目每年达 650 亿美元到 1,130 亿美元，"是国土安全费用的两倍多"。[12] 显然，大多数的联邦交通资金直接拨付给了州交通运输部。众所周知，交通运输部门和道路修建者天生一家，他们认为修建高速公路是他们最主要的任务[13]。稍后我们会更详细地讨论这个话题。

由于过去和现在对汽车的看法不一致，导致美国城市围绕小汽车的使用进行建设或改建。因为有太多的因素鼓励使用汽车，汽车就像流水一样，渗透到城市里可以到达的每一个角落。发展空间较大的城市汽车较多（如休斯敦、洛杉矶），而发展空间较少的城市汽车数量也相对较少（如波士顿、新奥尔良）。使城市中心重新回归步行的第一步就是要认识到，汽车主导的出行方式并非不可避免，也不是全球性的规范，因此，没有必要继续下去。尽管有多种多样的压力，普通的美国城市完全有能力以灵活的方式来改变其与汽车的关系，从而显著提升城市的可步行性。城市应根据自身的条件发展私家车。最重要的是，这意味着基于诱导需求作出所有交通运输的决策。

4.1.2　我必须要提：诱导需求理论

我大概每个月都会在美国进行一次演讲，听众通常是美国商会、规划团体或者是书店的一群人。演讲的题目和方式非常多样化，但是我有一个原则，那就是在每一场演讲中，无论如何我都会详细地讨论诱导需求。我这样做的原因是诱导需求是城市规划学科中最大的知识黑洞，每个有思想的人都会赞同这一观点，却几乎又没有人愿意行动起来。这就好像是，尽管我们取得了各种各样的进步，但如何建设城市这个核心任务却一如既往地交给了地平说学会（Flat Earth Society）。[1]

交通研究也许是当今规划中最需要做的事。如果你想要提升社区的任何功能，必须先做交通研究。如果你想改变街区的设计，也必须先做交通研究。有一次，在爱荷华州的达文波特市，我碰巧发现了一条街的一个街区没有路边停车，原因是仅将街道中的 300 英尺从单

1　地平说学会又称国际地平说考证学会，由英国人塞缪尔·申顿（Samuel Shenton）于 1956 年建立，是一个支持地平说、反对地圆说的组织。尽管人造卫星在太空拍下了显示地球是球体的照片，地平说学会仍然坚持地平说。此文用于比喻一群盲目地坚信错误理论的人。——译者注

向三车道变成了单向四车道。我建议恢复该街区路边停车。但城市是如何回应的呢？"我们需要做一个交通研究。"[1]

这种情况不足为奇，因为交通拥堵是大多数美国社区中市民抱怨得最多的话题。交通拥堵是真正使驾驶受到约束的唯一因素，也只有交通拥堵让人们感到汽车生活的压力。假设没有交通拥堵，我们也会增加驾车里程直到出现拥堵。因此，交通研究成了规划中必不可少的部分，只有大公司交通研究能占到其收入的绝大部分份额。它们不会希望你看到以下几段文字。

因为，交通研究纯粹是胡说八道，有以下三个方面的理由：

第一，计算机模型得出的结论实际上只与其输入的数据有关，没有什么比调整输入以得到你想要的结果更容易的事情了。当我们在俄克拉荷马市工作的时候，当地交通工程师的"自动同步机"计算机模型得出的结果是，行人优先会导致交通严重堵塞。我们借用了他们的计算机模型，交给我们的工程师进行操作。我们的工程师调整了初始设置。哈哈，行人优先会令交通畅通无阻。顺便说一下，最常被调整的输入参数是预期背景增长值，而这种调整非常必要：大多数城市的交通模型都会将交通量的年增长预期设为1%到2%，即便是这个城市正在衰退！

第二，交通研究通常都是由做交通工程的公司来完成的。这就对了——还有谁会做交通研究呢？但是想想看，谁会得到依据交通研究提出的道路扩建工程最大的合约呢？只要由交通工程师负责交通研究，他们必将会预测到交通工程的必要性。

最后，也是最本质的一点，交通研究最主要的问题是其几乎从不考虑诱导需求现象。诱导需求指的是，当道路的供应增加降低了驾驶的时间成本时，将会导致更多的人开车，从而抵消了所有减少拥堵的作用。我们在2000年出版的《郊区国家》中详细地讨论了这个现象，而最原始的文章是哈特和斯皮瓦克在1993年出版的《卧室里的大象：对小汽车的依赖和背弃》（The Elephant in the Bedroom: Automobile Dependence and Denial）。所以在这里我不再赘述产生诱导需求五花八门、引人入胜的原因。自从这些书籍出版之后，还有其他的研究报告也相继出版，所有这些研究都证实了我们那时的观点。2004年，对之前的许多研究进行荟萃分析[2]后发现，"从平均水平来看，每增加10%车道里程，诱增4%的驾驶里程，而不出几年，这个增长比例就会攀升到10%——达到新的道路容量。"[14]

1　好消息：经过更深入的考虑和审议之后，城市避开了交通研究，顺利地恢复了路边停车。

2　荟萃分析，又称"Meta分析"，Meta意指较晚出现的更为综合的事物，而且通常用于命名一个新的相关的并对原始学科进行评论的学问。——译者注最全面的研究仍然是 1998 年由地面交通政策项目完成的。该项目对 70 个不同的大都市区 15 年的数据进行了分析。而研究的数据来源于保守的德克萨斯州交通运输研究所的年度报告，结果如下：

那些在提高道路通行能力上投资巨大的都市区，其缓解交通拥堵的成效不见得好过相对投资较少的都市区。最新动向说明，那些车道容量增长大的地区，在道路建设上花费的资金比车道容量增长较小的地区多 220 亿美元，但反而还会使每个人在交通拥堵上的损失稍微高一些，以及燃料浪费和旅程延误……估计在道路建设上花费最高的都市区是田纳西州的首府纳什维尔市，每年每个家庭的标价是 3,243 美元。[1]

多亏了这些研究，诱导需求不再是一个专业的秘密。我非常高兴地在 2009 年《新闻周刊》上的一篇文章中读到几乎不带专业性的文字："司机的需求很快就会超过新的供应；如今，工程师们承认建设新的道路常常会使交通变得糟糕。"[2]

关于上述观点，我的反应是："这些工程师是谁？我可以见见他们吗？"我不得不与之共事的大多数工程师数十年前就从学校毕业了，而且很明显此后不再从教科书或者《新闻周刊》获取新的知识。[3]结果，这个在美国能找到最多和最佳数据的重大现象，对美国道路建设几乎没有影响。但是也有好消息：它使欧洲有了非常大的进步！在英国，规划者们不能再以减少拥堵为理由提出新建道路的计划，道路的建设急剧减少，以至反对高速公路建设的主要团体"英国觉醒"（Alarm UK）声称"已经没有存在必要"而自行解散。[15]

同时，回到现实，最近上任的运输部部长马利·皮特斯（Mary Peters）在美国参议会的一个委员会作证时表示，"必须有一个提升通行力的长期策略来解决拥堵问题"。[16]看起来，索尔·贝娄（Saul Bellow）指出的打着冠冕堂皇的理由干龌龊勾当的事情仍在发生。

1　"扩宽道路会增加拥堵吗？"摘自唐纳德·陈，"建设道路，汽车就会随之而来"。2010 年的一项由吉勒斯·杜兰顿和多伦多大学的马修·特纳主持进行的研究表明，"增加州际公路和城市主干道不可能缓解这些道路的阻塞"。[《道路拥堵的基本定律：来自美国城市的证据》(The Fundamental Law of Road Congestion:Evidence from U.S. Cities)，2616]。

2　尼克·萨默斯，"在霓虹灯鲜亮的地方，司机们不再受到欢迎"。以下的讨论能够用来阐明这句引证的意思：诱导需求的理论普遍地适用于高速公路和主干道的建设和扩大，却不适用于在小地方中增加街道，形成更复杂的街道网络。

3　平心而论，我的评论对象主要是那些一定会批准我的项目的市政府及州和联邦交通运输局的工程师。目前，只有非常少数的职业交通工程师在努力地分享诱导需求理论。最近我与印第安纳州的卡梅尔市、锡达拉皮兹市和劳德代尔堡市这三个城市的工程师有过愉快的合作。然而，就大多数的专业工程师而言，厄普顿·辛克莱的著名论述说得十分恰当：对于那些凭借不学无术而领取薪水的人而言，要他们去理解一件事是非常困难的。

关于这一点，没有什么能比"公路邦"当前的化身所做的广告宣传更有说服力了。我曾经与美国最大的一个工程公司合作过，因为要继续合作，我这里不便说出其名字。这个公司确实做了一些一流的城市工程，也积极推进传统城市的发展，是发展新交通系统的领袖。但同时，它们也造成很多蔓延，因为它什么都做，而其中最主要的自然是蔓延。

不久之前，这个公司在《规划》杂志上做了一份整版的广告。它首先展示了一条塞满汽车的高速路。接着展示了一个崭新的，汽车正欢快地在上面穿行的苜蓿立交，相应的广告语是：

从 1980 年到 1996 年，行车里程增加了 97%，基础设施的改善使每年因交通拥堵而造成的 780 亿美元油耗的损失大幅较少。

委婉地说，这广告产生了误导。这种误导是多重的，以至不知道该从哪方面入手开始剖析。最起码的是，其陈述、暗示和假设都产生误导。第一，它说新建道路可以缓解拥堵，而实际上新建道路几乎总是增加拥堵。第二，它暗示 1980 年以来，车辆通行里程的迅猛增加并不一定是由交通设施的改善引起的，而实际上答案是肯定的。第三，它假设拥堵浪费燃料，而实际拥堵节省燃料——而且基本上是拥堵唯一的益处。

这三个观点可能都违反直觉，这也就是为什么广告公司对这种宣传词不能一笑置之。当然，前面的两个观点指的是诱导需求。而第三个观点，拥堵节省燃料，需要一些证据才能让人相信。

事实证明，大都市区的平均交通速度和燃料耗费有着非常强的相关性。拥堵程度高的城市，人均使用的燃料少，而拥堵程度最低的城市，人均使用燃料最多。[17]

存在这种奇怪现象的确不是因为开车效率问题，而是因为在开车上费用构成。不管我们是持有还是租赁汽车，大部分的成本都是固定的：汽车的价格（或贷款）、驾驶者的保险费和登记费。不管我们是否经常使用汽车，大部分的汽车保养费用也是一样的。道路、桥梁和交通管理的费用都是由驾驶者和非驾驶者共同缴纳的国税支付的。至于通行费，除非你要进入曼哈顿或者旧金山，否则这个费用是微不足道。下文会详细讨论的停车费，其价格明显低于市场价格，而只会在某些地方非常昂贵而已。对于大部分的美国司机而言，影响最大的可变成本是汽油，但从全球的标准来看，我们的汽油相当便宜——即使是每加仑四美元这样的国内"高价"也才仅仅是欧洲的一半。总而言之，相对于固定成本，边际成本是微不足道的。根据美国汽车协会的报告，对于每年驾驶一万英里的大型轿车来说，其使用成本只是持有成本的五分之一。[1]

所有上述因素最终导致一种结果，就是无论你是否开车，你都得为使用公路而付费，而且是你开车开得越多，每英里分摊下来的成本越低。因而开车最大的约束是拥堵，行车费用基本上不能使人们放弃开车而待在家里，至少在我们大城市是这样的。拥堵节约能源是因为人们厌恶在道路上痛苦地浪费时间。

这是以消极的态度看待这个问题，当然也有积极的方面，最拥堵的城市往往能够提供最好的方案解决交通拥堵。在2010年"城市机动性报告"状况最差的十个城市中，[18]除了休斯敦、达拉斯和亚特兰大这三个城市，其他城市都具备优秀的公交系统和大量的可步行社区。实际上，这七个城市——芝加哥、华盛顿、洛杉矶、旧金山、波士顿、西雅图和纽约——同样出现在另一个排名中：步行指数确定的美国十大"最适宜步行的社区"。[2]

因此，除了通常遭到质疑的"阳光地带"，[3]拥堵和避免拥堵的机会如影随形。在这些城市，例如亚特兰大，拥堵几乎影响着每一个人，拥堵至少缓解了燃料的消耗而不是增加燃耗。被堵在路上看着数百个汽车排气管向空中排放废气是令人相当不安的。然而令人感到安慰的是，减少拥堵实际上反而会增加尾气排放。

没有人喜欢拥堵，除去表象，我在这里不再为它作更多的争辩。相反，我呼吁参与社区建设和重建的人们更全面地理解交通拥堵，这样我们才能杜绝作出那些仅能安抚恼火的市民而对其产生长期伤害的愚蠢决定。应对拥堵有一个简单的办法，也是唯一的办法，就是使在拥堵街道上驾驶所支付的费用与实际价值一致，即接下来拥堵收费的那部分内容。

4.1.3 它不仅仅是高速公路

当我说"公路"时，你也许会想到一个封闭的带有护栏和入口匝道的六车道道路。实际上典型的美国"公路"并不是高速公路，而恰恰是穿过城镇中心区的州际公路。道路两旁的住宅和商业建筑尽最大努力保持其价值，而州的交通运输局却在尽力增加道路的交通

1 美国汽车协会 AAA：《你的驾驶成本》（Your Driving Costs），2010年，7。大多数汽车的边际运行成本都远远低于每英里20美分，这就解释了为什么 Zipcar 和其他公司的汽车共享计划能够如此有效地减少汽车的使用。根据该公司的网站消息，每个 Zipcar "使道路上的汽车减少了至少15辆"。对一个 Zipcar 会员来说，25美元的报名费和60美元的会员年费这样的固定费用相对于每小时的租车费来说是微不足道的。
2 步行指数网站："美国最适宜步行的社区。"这个结果是有意义的，因为最好的城市往往容易导致城市蔓延。对于崇尚步行的读者来说，他们搬迁的三个理想城市中，最想去的是排名第二的城市，而不是排名第一的城市。这些城市分别是费城、加州的长滩和俄勒冈州的波特兰。
3 美国的南部地区由于其低廉的房价吸引人口的大量迁入，随着人口的迁移，以及当地丰富的能源、农业资源，吸引着美国的新兴工业在南部的布局，从而形成了美国三大工业区之一——南部工业区，我们称之为美国的"阳光地带"。

容量。这正应了安德烈斯·杜安尼一针见血的评论，"交通运输局一味追求交通流量，其推毁的美国城镇比谢尔曼将军还多。"[19]

无论你在哪个州，都会有几条或者多条街道是由交通运输局负责的。在弗吉尼亚州，州交通运输局以将街道两旁的树木看作"固定危险的物体"而出名，这里几乎每一条街道都属州政府所有。[20] 然而，在大多数州，只有那条承载最大交通量的主干道是由州政府所有。不幸的是，这意味着美国的主干道都不是由社区控制，而是由州的工程师们控制。毕竟主干道是城市最主要的道路，州政府要依靠它们来保持交通流量。

这是最糟糕的消息了。每当我应邀去做一个城市或者城镇中心区的复兴规划时，在正式开始工作前我都会诚惶诚恐地查看谷歌地图，看看这个市中心的街道是否属州政府所有。如果很多街道是州政府控制的话，我会调高项目收费，并降低他们的期望。因为与州交通运输局打交道通常都意味着结果会让人失望。[1]

假如所有的交通工程师都让人头痛，那么州政府的工程师们就是最难对付的，因为他们没有义务和责任听取当地市长和市民们的意见。他们对其上级部门负责，而其上级部门是交通流量的操纵者。他们一般声称考虑步行的需求并注重"综合敏感性设计"，但是仍然以"服务水平"为标准看待每件事情，而交通的服务水平意味着道路通畅。碰巧的是，州交通运输局提供了大量的规划咨询需求，这也是为什么很少有规划师愿意跟他们对抗的主要原因。

对于纽约的工程师来说也是这样，那里的许多社区深受其主要街道同时也是县主要公路的困扰。在任何情形下，与交通运输局抗争是一种艰苦的斗争。但是有一个方法可以获胜，那就是领导力。获胜的是那些社区领导与交通运输局正面交锋并公开要求其提出一个方案使社区变得更加适宜步行。这种方法更适用于大城市，但即使是在小城镇中，只要社区的反对声音够强烈，最终仍然能够获得胜利。

在纽约汉堡村中就发生了这样的事（人口大概有 10,000 人）。纽约州交通运输局告知市长约翰·托马斯该局要扩宽三条主要道路，从而需要拆除路边停车场，提高通行速度并在很大程度上毁坏汉堡村的中心区。市长与全国知名的步行提倡者丹·布登（Dan Burden）联手

1　几句免责声明：某些州做得比其他州更好；我在马萨诸塞州、密歇根州和哥伦比亚特区（几乎是整个州）都有非常好的经历，那里的行人优先政策都领先于其他许多城市。此外，他们的大多数交通工程师都是很好的人。尽管在 2010 年纽约时报公开的报告中发现了工程师们向恐怖主义者发展的一种倾向——"在被逮捕和自首的恐怖分子中，工程师和工科学生的数量明显过多了"［大卫·贝莱比，《工程学的恐怖》（Engineering Terror）］。但我总是觉得与这些工程师们一起工作是非常愉快的。当然，他们还没有看过这本书。

合作，[1] 在由公众参与的新方案出台之前，抵制了交通运输局的上述"改进方案"。如今，汉堡的主干道是一条精致的两车道街道，包括自行车道和停车位。而交通运输局则在交通会议上得意扬扬地展示这个获奖方案。[21]

一个社区如果要恢复市中心的功能，它要做的首要工作就是在与交通运输局的对抗中占据上风。而且，如果城市要繁荣的话，这种性质的抗争就必须时不时地发生。如果我认为妖魔总是外地人的话，我就不会告诉你们事情的真相了。实际上，在大多数社区中，城市行政机构间的日常斗争也很常见。假如没有市长的领导，保证交通流畅就会占据上风，而不是宜居性。

就像前面提到的，我在"市长城市设计研究所"工作了四年，参与一个将市长召集在一起进行关于城市规划密集研讨的项目。作为这个项目资助者的主要代表人，我经常有机会发表意见，我总是会传达一个意思，"不要再让交通工程师来设计你们的城市"！

当我参加了几个市长研究所的研讨会之后，我更明确地认识到这个观点的重要性。这个观点的重要性的认识变得更加清晰。一个又一个城市中，交通工程师不受任何约束地扩宽道路，移走树木，最后铲除市中心来提高交通流量。这些都发生在市长的眼皮底下。由于缺乏任何上层次的设计引导，城市的工程师们仅从本身的工作职责出发重建城市——这是非常糟糕的。

因为这种情况而责备城市交通工程师们看似有些不公平。因为城市中大多数来自公众的投诉都是关于交通的，显而易见，任何负责任的公务员都应该为减少交通拥堵而努力。如果减少交通拥堵的措施不会破坏这座城市，并且可以起到一些作用，那将是可以接受的。但由于诱导需求，这类措施实际上起不到作用。大多数城市工程师并不明白诱导需求。他们也许会说他们理解诱导需求，但是如果他们真的明白，他们也不会依据诱导需求理论采取行动。

我这样说的原因是，在美国几乎没有工程师同时拥有必要的敏锐洞察力和政治意愿，将关于诱导需求理论的讨论引至其符合逻辑的结论——那就是：停止进行交通研究，停止提高交通流量，不要再给纳税人幻想，并称花费他们的税金可以治理拥堵。实际上，这些做法都在破坏他们的城市。

我明白，告诉公众你不能使他们最关心的问题得到令人满意的答复是非常困难的。但可以用让人更快乐的方法传达这样的信息：我们可以拥有我们想要的那种城市，我们可以引导

---

1 丹·布登受到杰夫·梅普司（一位热爱单车通勤的资深政治记者）非常好的评价，《铁马革命》（Pedaling Revolution）。

汽车的流向和车速，让我们的城市成为一个不只是让汽车穿过，而是值得停留的城市。交通工程师应该把这些美好的未来与公众分享，而不是在对拥堵的战战兢兢中度过自己的职业生涯。在他们这样做之前，市长、主干道商人以及有关公民都无须相信交通工程师。为此，我仅穿插一小段话。

4.1.4　摒弃交通工程师的传统观念

每个人都喜欢简·雅各布斯，对吧？她以对抗交通工程师而著名，在《美国大城市的死与生》这本杰作，她一再对交通工程师进行有效的抨击。许多的规划师和政府工作人员都非常信赖这本书，但是几乎没有人读过《未来的黑暗时代》。这本书是写在《美国大城市的死与生》出版的40年之后，她仍然对交通工程师不依不饶。在交通工程师们真正正视诱导需求现象之前。每个政府工作人员和规划师都应该把简·雅各布斯的这段话放在办公桌的醒目位置。

普遍认为，当大学在颁发交通工程专业的科学学位时，意味着学校对公认的专业知识表示认可。但事实并非如此。当他们给这些所谓的专业知识用证书给予肯定时，实际上是在欺骗学生和公众。[22]

接下来还有：

我悲伤地想："这又是一代被教坏的大好青年。他们将会把自己的事业浪费在对事实和证据漠不关心的伪科学上。首先，他们不提出有价值的学术问题，而当现实中的证据不期而至时，也不进行深入研究……这些不关心实际的专业人士纯粹凭猜测，仅基于证据凭空得出结论——即使按规范要收集证据时，也仍然这么做。同时，每一年都有一大批学生从大学走向社会，这明显是一个单纯追求文凭害人的教育案例。奇怪的是，这些学生为什么明显地满足于他们得到了文凭，而不在乎实际上他们并没有学到什么东西。"[23]

也许是受到简·雅各布斯的启发，一些年轻且拥有资质的交通工程师最近有勇气向社会公开坦白。首先站出来的当数查尔斯·麦隆（Charles Marohn），他在美国环保杂志《谷物》中登出了以下的文字。这段文字重要而具有震撼力，值得在这里详细引用：

一个重获新生的工程师的自白

在大学里获得了土木工程学位以后，我回到家在一家本地的工程公司工作，大部分工作内容都与市政工程有关（包括道路、下水道、输水管道、暴雨积水）。我的大部分工作就是要人们相信，如果说道路的建设，我更权威。

当然了，我的知识更牢靠。首先，我拥有著名大学的技术学位。其次，我曾经为国家颁发的资格证书奋斗过……为此我首先要通过一个难度很大的测试才能取得考试的资格，接下来获得资质的考试更加困难。第三，我的职业是人类历史上最古老以及最受人尊敬的职业之一，曾经铸成人类一些最伟大的成就。第四——也是最重要的——我遵循着书本上一套又一套的标准。

当人们告诉我，他们不想要一条更宽阔的街道时，我就会告诉他们，拓宽街道是为了行人的安全。

当他们说宽阔的街道会使得人们开车开得更快，特别对于在房前空地玩耍的孩子们很不安全时，我就会自信地告诉他们，宽阔的道路更加安全，尤其是当与其他符合规范的安全措施结合在一起时，更没有问题。

当人们反对那些所谓的"符合规范的安全措施"时，如移除道路边所有的树木时，我就会告诉他们，为了驾驶安全，需要提高可视距离，以保证恢复区[1]没有障碍物。

当他们指出这些"恢复区"同时也是他们的"院子"，他们的孩子在这里踢足球和玩跳房子游戏的时候，我就会建议他们只要在路权之外建起篱笆就可以。当他们反对道，除非花钱在他们的房子前面修建钢筋混凝土围墙，否则，宽敞、没有树木的道路会把其住宅前宁静的院子变成赛车比赛的"观赛区"时，我会告诉他们，发展是要付出昂贵代价的。这些标准在整个州、整个国家甚至整个世界行之有效，为了他们的安全，我不能妥协。

回顾过去的这些事情时，我明白我的做法是非常愚蠢的。宽阔且没有行道树的快速道路不仅会毁灭我们的公共场所，还会谋杀人类。以高速公路的标准建设城市和郊区的街道，甚至县的道路，使我们每年失去了成千上万的生命。工程师在一个城市街区内设计14英尺宽的车道是毫无理由的，但是我们仍然继续这样做。到底是为什么呢？

答案是十分可耻的：因为这就是标准。[2]

---

1 恢复区，指的是人行道与车行道之间的缓冲区。转弯时，如果汽车冲出车道，那么在恢复区中，司机有空间重新调整到正确方向。——译者注

2 "一个重获新生的工程师的自白"。更多关于查尔斯·马诺恩的信息可以在 strongtowns.org. 上找到。

以上两段摘录是用来帮助城市抵御交通工程师滥用专业知识的。我没有太大兴趣去分享它们，实际上我非常希望不需要这样做。但是交通规划专业亟须修正它的航向，而最有成效的方法似乎是不留情面地羞辱他们。也就是说，麦隆的自白最终带来了希望。他毕竟是一个交通工程师，而且他清楚地明白其中的道理。实际上，他只是近年来引领交通规划进入新范式的一个不断增长的交通专业群体——包括专业顾问和为城市工作的交通专业人士中的一分子。因为城市需要，他们仍然做着交通研究。但是这些研究，就像在英国一样，最终会重视诱导需求。

4.1.5　移除道路，交通量就会随之消失

如果更多更宽的公路意味着更多的交通量的话，反过来说是否也是同样的道理呢？诱导需求最新的理论变形被称为需求减少，即城市交通网络中的主干道被移除时所产生的现象。交通量随之消失了。

美国最著名的两个案例自然是纽约西区高架路和旧金山滨海高架路，两条道路分别于1973年和1989年坍塌。在这两个案例中，与交通工程师的末日警告相反，绝大部分原来路面上的交通流也随之消失了。这些交通流并没有在其他的道路涌出来形成堵塞；人们只是找到了另外一种出行方式，或者说感觉对开车需求没那么迫切了。[1] 滨海高架路被一条惹人喜爱的林荫大道取代；其路上行驶的小巧的有轨电车每天运送的乘客量比以前的高速公路还要多。

当人们意识到这种成功的做法后，国内外越来越多的高速公路被拆毁。其中包括波特兰的海港大道，密尔沃基的公园东高速公路，以及旧金山的另外一条高架路：中央高速公路被迷人的奥特维娅林荫大道替代了。[24] 拆毁这些公路不仅给那些曾因高速公路而衰落的地区带来新的生机，实际上还可以减少城市的总出行时间。最著名的案例是应该是韩国汉城的清溪川，2000年建在河面上拥堵不堪的高架路被拆除，使得这条被覆盖了半个世纪的河流重见光明[25]。

清溪川的故事是如此让人入迷，以至于值得写成一本书。一开始只有草根阶层支持这个项目，没有任何政治上的支持。毕竟，谁会倡议拆除一条每日承载168,000辆汽车的道路呢？因为没有来自政府的任何支持，这个项目的推动者就向市长竞选人推销这个主意，希望有竞选人将这个项目作为其赢得竞选的筹码。具有讽刺意义的是，以此作为筹码的人就是修建这

1　一项采用全球数据的英国研究发现，拆除道路普遍能提高当地的经济水平，而建设新道路往往会提高城市失业率 [吉尔·克鲁斯，《移除道路，汽车就会消失》（Remove It and They Will Disappear），5，7]。

条高速公路公司的前任董事长李明博。李明博因为承诺拆除这条道路而当选。作为市长，李明博在就职典礼当天就着手开始了这个项目。

紧跟着发生了骚乱，反对者强烈抗争，包括三千名街头摊贩，其生活来源就是向堵在高速路上的乘客提供商品。有些人为了阻止拆路甚至以自杀相威胁。由于这些重重困难，原本为期两年的设计工作被压缩到六个月，而整个工程在 30 个月内便得以完成。十六车道的高速公路被一条城市林荫大道和一个壮观的、长达 3.6 英里的滨河公园所取代。[26]

几年之后，河流的生态系统明显地恢复了，由城市热岛效应带来的温度上升由此降低了至少 5 摄氏度，同时由于在城市公交上的投资，交通的拥堵情况显著地减少。在写下这些文字时，之前的高速公路周边的房地产价格上涨了 3 倍，而李明博还当选了韩国的总统。[27]

如果在 2004 年 9 月，当西雅图的市长格雷格·尼克尔斯（Greg Nichels）参加"市长城市设计研究所"项目时，我们如果知道清溪川所发生的一切就太好啦。当时，格雷格所面临的规划问题是阿拉斯加高架路。和旧金山滨海高架路一样，这条双层六车道的高架路在地震中损坏，因此要重建。州交通运输局提议建设一条优雅的林荫大道和一条需要花费 42 亿美元的高速公路隧道取代原来的高架路。

"方案看起来很完美，只不过要取消隧道！"围绕会议桌的规划师们异口同声地说。"但如何解决交通呢？"市长问道。"不要担心！"我们回应道。[1] 显然，我们的观点说服力不够强，回到西雅图后尼克尔斯市长仍然主张修建这条隧道。尽管他是西海岸先进城市中民主党派的领导者——一个虔诚到不允许使用盐来除雪的环保主义者——也不能接受诱导需求。

尼克尔斯面临了怎样的情形呢？首先，西雅图市民在全民公决中否决了用隧道或者新的高架快速路取代原有高架路的方案。因此，当尼克尔斯坚持支持隧道方案时，麦克·麦格因（Mike McGinn），一个相当不知名的山脉俱乐部的成员，宣布以反对隧道的建设而竞选市长。与尼克尔斯的 560,000 美元相比，麦克·麦格因尽管只筹集了 800,00 美元的竞选资金，他仍然在初选中轻松地打败了尼克尔斯，成为现任的市长。[28]

所以，李明博成了总统，而格雷格·尼克尔斯退出了政治舞台……这不就是关于诱导需求的一堂课吗？看起来像往常一样，除非他们不做，不然他们总是站在政客的对立面。在最近的一次全民公投中，支持修建隧道的一方取得了胜利，而且不得不马上实施。但并不能因

---

1 此交流转述自一场更长、更广泛的讨论。

此证明这样的做法是正确的。

本质上，这样的讨论更关乎财政资金的限制，而不是交通理论。最漂亮的林荫大道的建设费用也仅仅是隧道或者是高架桥费用的一小部分。如今我们国家和城市都缺乏资金（也许日后长期如此），似乎有必要在城市开始衰败之前——虽然这还需要一段时间——把城市中的高架高速公路都换成普通的地面街道。

最后的这个忠告值得深思。高架路是城市衰败的一个祸因，压制了道路周边房地产的价格，这种影响不仅体现在道路两侧紧邻的地区，通常还会扩展到道路两侧的好几个街区。而绿树成行的林荫大道，其效果无疑是与高架路相反的。旧金山滨海林荫大道工程仅花费了1.71亿美元，但将整整1.2英里范围内的房地产价格抬升了3倍，这在汉城也是一样的。[29] 即使你没有房地产专业的学位，你也能够明白从2000年以来，旧金山市中心方圆1.2英里范围内增长了三倍的房地产税收足够用来支付好几条林荫大道的修建费用。如果一些城市愿意认真算一算，它们就会找到充足的理由说明拆毁一条或者两条高速公路的经济合理性，即使这些高速公路还能正常使用。

4.1.6　步行区域不能矫枉过正

扬·盖尔，一位传奇的丹麦城市规划者，恰如其分地总结了关于交通的讨论：

在20世纪的城市里，"邀请"和"行为"之间的联系到了紧要关头……但凡任何通过建设更多的道路和停车场来缓解交通压力的措施，都只会导致更多的交通流量和拥堵。任何地方交通流量的大小从某种程度上讲是不确定的，而取决于交通基础设施的供给水平。[30]

依我看来，这样的评论正是表明汽车主导城市并非不可改变，社区共同努力建设相应的基础设施，就可以主宰其社区环境和生活品质。盖尔在哥本哈根主持逐步取消汽车在市中心行驶的项目。从1962年到2005年，市中心以行人和自行车为主导的区域面积增长了七倍，从4英亩增长到25英亩以上。[31] 相应地，在过去的三十年时间里，城市中心区每年有2%的停车场被取缔。[32]

盖尔最近应邀为纽约市做咨询，其将百老汇大街位于时代广场的一段变成了行人公园，产生了极妙的效果。该市还完成了横跨约20个街区、壮观的高线公园项目，即将一条高架铁路改造成为线性公园。这也许是20世纪中叶以来最值得称道的一件城市建筑艺术作品了。您可能见到了一些线性公园的照片，它们一点都不假：这样的公共娱乐设施对于一个社区的宜居性来说是真正的福音，除了在天气最糟糕的日子，高线公园都发挥了很好的作用。

这些摒弃小汽车的成功案例为我们提供了重要的经验，然而不幸的是，这样的做法并非适用于大多数的美国城市。如果认为同样的设计在差别巨大的地方也会产生类似的效果，那就大错特错了。你得承认：你这里不是哥本哈根，那里骑自行车的人比开车的多。[33]你这里也不是纽约城，行人太拥挤以至于在早上9点钟，你几乎就不能沿着宾州火车站附近的第七大道向南步行。除非你有相同的居住密度、行人密度和不依赖汽车也能繁荣的店铺——而这种情况很少见，否则，在美国把一个商业区简单地变成一个步行区等于宣告商业区的死亡。

当我在2003年来到全国艺术基金会（NEA）的时候，我的办公室到处都是宣扬全国艺术基金会成就的出版物。其中的一本用20世纪70年代优雅的印刷字体庆祝该基金会所做的一件事——使用基金会的资金将许多美国城市的主干道改造成步行街。当我翻阅这本书的时候，我看到的是一页又一页的失败。从巴尔的摩到布法罗，从路易斯维尔到小岩城，从坦帕到塔尔萨，从北卡罗来纳州的格林维尔市到南卡罗来纳州的格林维尔市，几乎每一座城市的主干道在20世纪60年代和70年代的时候都开始禁止汽车通行。然而，就在这本书出版的时候，这些措施带来了街区的衰败。

总的来说，在美国创建的两百多个步行商业中心中，只有30个留存下来。[34]当然，大部分是垂死挣扎的低租金社区，就像孟菲斯市的主干道那样，尽管有吸引人的有轨电车，街道上的空店面却比比皆是。出现例外的几乎都是大学城，如科罗拉多州的博尔德和佛蒙特州的伯林顿，或诸如阿斯彭和迈阿密海滩那样的度假胜地。不可思议的是圣塔莫尼卡的第三步行街区和丹佛市的第十六街区呈现出繁华景象，展示了步行街区的成功是有希望的。但这些是极少的成功案例。

可以看出，只有一种做法能够比无节制地使用汽车对市中心产生更大的破坏，那就是完全排斥小汽车。正如应对肥胖症的正确方法不是不吃东西一样，大多数的商铺需要车流量才能生存。大部分失败的步行商业中心，例如大急流城的梦露广场，当再次允许汽车的适当通行时，一定程度上恢复了昔日的繁华。因此，接纳汽车的关键在于控制好数量和速度。

人们很容易为百老汇大街的成功而着迷，从而希望在自己的城市建设步行街区。纽约可以建造更多的步行街区，2010年，我向纽约规划委员会建议每年在纽约市增加一处步行场所。[35]其他一些居住密度较大的城市可以尝试一下，例如波士顿和芝加哥，几年后也许会呈现一些效果。但最主要的教训是不要像以前那样行事，即建设昂贵的，又难以拆除的景观设施来防止车辆的行驶，而是像时代广场做的那样，建起一些临时的护栏，增加一些盆栽树和可移动的椅子。可以先在周末的时候尝试，假如这种做法可行的话，再将这些做法推广到工作日。千万不要在华丽的汽车路障上花费任何资金，因为一个行人街区能够繁华起来，不是因为街道景观有多华丽，而是因为它的区位、人口特征和组织机构。

4.1.7　交通拥堵费：太锋利以致难以实施

所有谈及城市和汽车的话题都不得不提及交通拥堵费，然而这个用来避免社区遭受汽车干扰的工具远远没得到充分的利用。我们曾非常无奈地把影响人们使用小汽车的决定因素归结为道路拥堵，而大多数城市需要借助拥堵来遏制对小汽车依赖的增长，因为驾驶的成本远远低于开车所带来的社会成本。[1] 但是，如果驾车人需要付出的代价更加接近实际的开车成本时，他们便会基于市场原则选择什么时候开车和在哪里开车。这为治理过度驾驶和拥堵提供了解决方案，这就是收取交通拥堵费的原因。

早在 2000 年，伦敦曾一度深受交通问题的困扰，人们迫切地需要一个解决方案。经过艰难的抉择，市长肯·利文斯通（Ken Living Stone）提出了现成唯一的解决方案——价格调节。面对媒体大规模的持续抗议，[36] 他提出对工作日进入市中心的司机每人收取大概 15 美元的费用，这些费用为政府改进交通系统提供支持。

实施的效果如下，收费区内的交通拥堵量下降了 30%，行车时间也缩短了 14%。骑自行车的伦敦人数量上涨了 20%，而空气污染则减少了大约 12%。由拥堵收费产生的税收超过了十亿美元，大部分都用于公共交通的建设。伦敦现在已经有数百辆新公共汽车，相应的出行量比收取拥堵费之前多出了将近三万人次。公共汽车的可靠性增加了 30%，而延迟情况则减少了 60%。[37]

在交通拥堵费的方案被提出之前，赞成和反对这个方案的伦敦人各占一半。但最后的民意调查显示，赞成的市民数量较反对者多出了 35%。[38] 随后市长选举，很大程度上是对交通拥堵定价机制的全民公决，利文斯通以绝对优势再度当选。

伦敦不是唯一一个采纳拥堵收费的城市，圣保罗、上海、新加坡、斯德哥尔摩和悉尼 [39] 都采用了类似但不完全相同的措施，而且都取得了很好的效果。旧金山现在也正着手实施自己的方案。与上述以字母"S"[2] 开头的城市不一样，当市长迈克尔·布隆伯格（Michael

---

1　即使忽略拥堵的外部效应，如污染和浪费时间，这依然是一个事实。例如，在新泽西，每年从普通大众转移到驾车人身上的税收就接近 7 亿美元 [查尔斯·西格尔，《反规划》（Unplanning），29]。
2　上文提到的圣保罗（São Paulo），上海（Shanghai），新加坡（Singapore），斯德哥尔摩（Stockholm）和悉尼（Sydney），均是以字母"S"开头。——译者注

Bloomberg）在 2007 年的地球日当天提出拥堵收费的方案时，纽约面临的情况显然要严峻得多。他的提案本可以获得联邦政府 3.54 亿美元的直接拨款，还能够使城市每年增加 5 亿美元税收。然而让大家惊讶的是，这个提案被奥尔巴尼的州议会否决了，[40] 因为这个议会的大部分成员是郊区的通勤者。就像一个纽约人会说"去你的"一样。

讽刺的是，4 美元每加仑的油费迅速地完成了市长布隆伯格的大部分心愿。[41] 除了没有增加城市的税收外，证明了利用价格控制拥堵的作用。拥堵收费比油价调控更有效，因为它直接面对发生拥堵的地段，并且从中获得非常好的经济收益。大部分的城市并不像纽约一样受制于州议会，所以那些更拥堵的城市应该像伦敦那样做试点项目。毕竟，市长布隆伯格的提议得到了本地 67% 的选民的支持。[42]

4.1.8　长远的目光

"如果可以乘车，就决不步行，这是美国人的习惯。"早在 1798 年的时候，奥兰多公爵路易·菲力浦（他在 1830 年成为法国国句）就这样评论道。[43] 这种在我们国家早期形成的出行习惯，对城市的物质景观及我们身体都造成了深刻的影响。近来，法国哲学家伯纳德－亨利·莱维将这种以汽车为中心的生活模式描述为"在生活的任何领域，人们都体现出肥胖的姿态。整个社会都备受这个昏暗错乱的怪物迫害，它使得所有的东西都膨胀、充满、最后爆炸。"[44] 这两个评论相隔了两个世纪，其内在的联系比它们起初看起来更加紧密。

莱维并非在直接谈论我们的身体，而是我们的整个社会，以及我们怎样才能好好的在地球上生存。为了弄清楚在两个法国人发表评论期间的时代发生了什么，我们需要通过伊万·伊利奇（Ivan Illich）的著作去探寻。伊万·伊利奇是跨越多种文化的学者，在 1973 年写下了我读过的关于交通运输的最富有智慧的语句："超过一定的速度，机动车所创造出的是只有它们才能够缩短的遥远距离，它们将万事万物都拉开遥远的距离，而它们真正能够缩短的，只是其中的一小部分。"[45]

伊利奇实质上在进行有关公平的讨论，但如果他只是停留在讨论的层面上，那么他的文章就不会吸引那么多人关注。当然，"个别社会精英可以将生命中无限的路途变成奢侈的旅行。而大多数人却将他们生活中的大部分时间浪费在不必要的旅程上"，[46] 这是不公平的。那么从什么时候起，生活才是公平的呢？像"极端的特权是以普遍的奴役为代价换来的"[1] 这样的

1　《需求的演变史》（Toward a History of Needs），127，119。伊里奇并不是铁路的爱好者，这让我们有了小小的安慰："从我们的信息看来，在世界各地，汽车突破了每小时 15 英里的速度之后，与交通相关的时间短缺逐渐地增多"（出处同上，119）。

口号，如今已不似在 20 世纪 70 年代那样赢得人心了。然而，除了这种公平的讨论之外，伊利奇实际上还揭露了美国人骨子里浪费的生活习惯：

典型的美国男性每年会花费超过 1600 个小时在他的车上。无论汽车行驶还是空转，他都坐在车里。他要停车，还要从停车场把车找出来，他挣来的钱是为了能够按月还车贷。他工作是为了支付汽油费、通行费、保险费、税金以及罚单。在他不睡觉的 16 个小时里，有 4 个小时是在路上或是为供养汽车而奔波……典型的美国人花 1600 个小时行走 7500 英里：每个小时不到 5 英里。在没有交通运输产业的国家，人们会设法做到相同的事情——步行去到他们想去的任何地方，他们只会将社会预算中的 3% 到 8% 分配到交通上，而不是 28%。[1]

这是非常引人注目的。相比起我们的殖民祖先们，我们的国家和个人在交通运输上投入的资源多出了 25%，但结果是我们的出行并没有更快。但我们确实行走得更远了。当伊里奇写道"每个人的活动半径都扩大了，但是是以牺牲在上班的路上顺道拜访熟人或步行穿过公园为代价的"，[2] 这就是当前亚特兰大的写照。

伊里奇发现了一个隐藏着的规律：一个社会移动的速度越快，其面积就扩展得越大，花费在移动上的时间就越多。但他没有看到最重要的部分。自从 1983 年美国开启蔓延模式（American Sprawl Machine）以来，驾驶里程以 8 倍于人口增长的速度增加。[47] 在伊里奇的时代，10 个通勤者中有 1 个人是步行上班的，但如今，40 个通勤者中可能还找不到 1 个步行上班的。[48]

尽管这种变化令人不安，我们必须牢记这并非不可逆转，更重要的是，这并不是每一个美国人的体验。集聚度高、充满活力且功能混合的适宜步行城市，能够给居民提供具有更好的经济和社会发展机会的生活，而其交通成本无论以时间还是以金钱衡量，都不会高于伊里奇所说的那个"失去了交通运输业"的国家。当越来越多的市民能够在镇中心生活时，情况尤其如此，接下来的章节会讨论这个主题。

1　伊里奇，《需求的演变史》（Toward a History of Needs），120。他补充说："这个数字还不包括由交通运输所带来的其他活动消耗的时间：在医院、交通法庭和车库消耗的时间；在汽车广告或为了提高未来购买车辆的质量而参加消费者教育会议所消耗的时间。"切记，伊里奇的这些数据来自 1970 年前后。当我们开车越少的时候，我们花费在开车上的收入将会大大减少。
2　伊里奇，119。为了更准确地证明，我应该说明我朋友菲尔·哈里森的情况，他在亚特兰大走路上班，并且穿过公园。但他是唯一的一个。

4.2　功能混合

通常是住房；隐形的支付能力；其他功能

城市的使命就是将不同的事物汇聚在一起。这个工作做得越好，城市就变得越成功。一直以来都是这样，但有时那些有益于城市的事物对于市民来说并无益处。城市这个"黑暗、邪恶的磨坊"喷射的烟雾和在分租房屋里猖獗蔓延的流行病大幅度地缩短着城市居民的寿命。截至 1900 年，普通纽约人的寿命比他在农场的表兄弟短七年。[1]

城市规划如神兵天降！在城市规划成为一个专业之前，就已经通过减缓城市的过度拥堵和将住宅与工厂彼此分离而首次建立了声誉。城市居民的预期寿命增长显著，城市规划师被赞为英雄，同时也迎来了机械地进行功能分区的时代。[1] 这种将城市分割为若干组成单元的做法，被称为分区法则。而且分区规则在今天仍然在大多数的美国社区应用。城市并不是根据"规划法规（Planning Regulations）"，而是通过"分区准则（Zoning Codes）"来布置。不同用途的土地仍然要被分割开，而不是依据健康、安全的要求和常识进行布置。大多数小规模的城市工业不再污染环境，而就我们上一次检查来看，霍乱已经得到控制。

当然，在郊区扩张时，分区法则的发展达到了顶峰，郊区是由各种分离的活动构成的巨大聚合体，使处于崩溃边缘的超级流动性进一步加剧，破坏了我们国家的公民生活。这个教训尽人皆知。而分区准则是如何削弱并一直破坏城市中心却没有给予充分的关注。分区的影响是如此深刻，仅仅将其废除并让自由市场发挥作用还不够。如果城市要重新成为一个整体，不只要改革他们的准则（将在步骤 9 讨论），还必须认真采取措施，使市中心活动重新达到一种平衡。

4.2.1　通常是住房

这里所说的平衡是什么意思呢？最好先问：人类都做什么？工作、购物、进食、喝酒、学习、娱乐、开会、礼拜、治疗、参观、庆祝、睡觉：这些活动都应该是人们无需离开市区就能完成的活动。虽然也有例外，大多数大型和中型的美国市中心能提供上述除了睡觉以外的所有活动，这主要是 20 世纪的"郊区化"所导致的。然而，由于住宅的缺乏，很

1　爱德华·格莱泽（Edward Glaeser），对新城市主义协会的评论，2011 年 6 月 3 日。原因已经讨论了，生于 2010 年的纽约客，预期寿命比全国平均寿命长两年。

多其他活动也不能兴旺起来。特色的商场可能会保留下来，但食品市场却很罕见。饭店只能依靠提供午餐时段的服务勉强存活下来。历史悠久的教堂为留住以前住在附近的教友苦苦挣扎着。

正如我们已经讨论过的，市区对住宅的需求是明显的，并且将要飞涨。但除非城市做出政治承诺并伸出援手，否则住房供应将很难满足需求。在市中心建设新住房是一个代价高昂且艰难的过程。这不同于大多数开发商习以为常地在郊区开发的新地皮，市中心住宅开发通常受到各种市政设施、地役权[1]和交通等诸多问题的阻碍，更不用说麻烦的街坊邻里。当地的银行直到最近才愿意向城市外围的分户出售公寓大厦群提供融资服务，但仍旧回避对市区新公寓的投资。

这仍然是爱荷华州达文波特市的情况。尽管在过去十年，市区中三个住宅开发项目已经全部租出去或者售罄，但这里的大型地方银行长久以来一直不愿意支持其办公楼周边街道上的住房建设。这里不是《美妙人生》(It's a Wonderful Life)：这里不得不向明尼阿波利斯市、麦迪逊市和圣路易斯市寻求投资者。这种现代版的贷款歧视是市中心的住房建设离不开市政府支持的重要原因。

政府的支持意味着什么呢？马萨诸塞州的洛厄尔市是一个很好的例子。该市通过专注于新的住房建设而迅速改变市中心。我在离洛厄尔市不远的地方长大，众所周知，它曾是一个令人敬而远之的地方。它是杰克·凯鲁亚克（Jack Kerouac）的家乡，是曾经的工业天堂，截至20世纪60年代活力已经渐渐消失，同时市中心绝大多数的商品房也处于萧条状态。在2000年，市中心区只有约1700个住宅单元，其中高达79%为福利房和廉租房。11年后，住宅单元的数量几乎翻倍，更重要的是，几乎85%的新增住房都是商品房。这意味着非中低收入以外家庭的数目已经翻了两番多。

据洛厄尔市负责城市规划和发展的市长助理亚当·巴克（Adam Baacke）说法，实现这种转变基本上有三个步骤，最好的表述可能是：政治、许可和寻路。

"政治"是指在市议会上改变议员和市民的观念。议会中的大多数成员都回避关于市中心住房的话题，因为"只有商业开发才被认为是好的"。最终，城市的新发展愿景便促使该市出售未被充分利用的地块，以在市中心建设面向艺术工作者的住房。

"许可"是指避开城市的传统分区准则的约束。比如，新建的艺术家住房必须调整14项分区规则才能实施。在该地段，城市给予每个新的住宅计划"特别的许可"，对符合条件的

1　地役权是指利用他人土地以便有效地使用或经营自己的土地的权利。——译者注

投资者而言，这是一种奖励。接下来，城市改变它对停车位的严格要求，新规则只要求开发商确保每个单元在附近任何地方有一个停车空间，并可以出租给他们的居民。这些停车空间大多位于公共停车场，早上 9 点到下午 5 点使用频率高，但在晚上 8 点以后是空置的。

最后，"寻路"是指建立一个由市政职员鼎力支持的广泛体系，以帮助投资者通过那些繁琐的程序争取到每一份可用的联邦和州补贴（包括历史保存税收抵免和社区更新分类财政补贴）。其中一些补贴的竞争相当激烈，城市甚至附上所有来自社区申请补贴的信件。当然，这些支持也包括现金的投入，即城市想办法找到资金并将其投入到一些项目中。[2]

为了准确说明这个问题，巴克又列举了另一个吸引市区居民的关键步骤，他这样讲道："将创造一个人们乐于居住的环境作为整个城市的目标"，我可以将其称为"适宜步行性"。在一个良性循环中，更强的步行适宜性会产生更多的市中心住宅，而这又将增强步行适宜性。这种鸡和蛋的关系引发出一个问题：先投资哪个？答案当然是两个一起做。

4.2.2　隐形的支付能力

洛厄尔市提出了一个有趣的观点：美国大多数城市中心并不需要更多的经济适用房。大多数的美国城市中心有太多的经济适用房。或者更准确地说，既然——除了穷人以外——每个人都有能力搬到郊区，那么市中心大多数住房都是经济适用房就不合适了。美国典型的中等城市市中心现在只有少量的商品房，有少许的由黑人居住的毛坯阁楼，一排或两排类似《创意家居》（Dwell）上介绍的有着柯尔顿钢墙堡垒的房子，以及大量的穷人，上述住宅项目很多都在计划之中。这些市中心需要更多的住宅，但这些住宅应该有利于促成市区居民收入更加符合正态分布。这就是洛厄尔市一直努力在做的。

并不是每一个城市都像洛厄尔市一样。少数幸运的、规模较大的城市（本书中的一些英雄城市）已经吸引了很多富人进入市中心和靠近市中心的社区，结果将很可能导致这些地方形成单一的社会形态。尽管他们拥有财富，但仍然有可能不利于街道生活，一方面是因为雅皮士式的成功人士倾向于花费更少的时间在公共空间内，另一方面是因为人行道像社区一样要依靠多样性才能繁荣：不同类型的人在一天中不同的时间使用街道，才能使得街道夜以继日地活跃繁荣。[1]

对于这些已经绅士化和正在绅士化的社区，有两种有力的措施可以用来强化和维持房价处于大多数人可以接受的水平。一种广为人知，而另一种则鲜为人知。它们就是包容性分

1　顺便来说，单一性对社会也不是很好。简·雅各布斯这样说道：是否有人认为，在真实的生活中，清一色的住宅区能够解决当今困扰我们的一切问题？（雅各布斯，《美国大城市的死与生》，448）。

区（Inclusionary Zoning）和老奶奶套间（Granny Flats）。

包容性分区——要求新建住宅开发项目中有一定比例住宅作为经济适用房，除了说它是可行的并且正确的，无需作更多说明。每一个城市都应该有现成的包容性分区条例，但目前只有少数的城市做到了这一点，因为它对于开发商来说就是一种间接税并且是自由市场的障碍。虽然这些批评从技术角度来说并没有错，但它们忽略了包容性分区项目在实践中的真实效果，那就是它们从来没有抑制发展，而一些案例显示，它们会加速发展。[3]

一些自由主义者讨厌包容性分区，而世故的开发商似乎并不排斥它。1 这可能是因为项目中有经济适用住房的话，开发商就有资格获取联邦或州的补助从而使项目盈利更多。一些最大的包容性分区项目出现在丹佛、旧金山、圣地亚哥市和波士顿。马里兰州富裕的蒙哥马利郡的项目，自1974年实施以来，已经建设了超过一万套经济适用房单元。在目前低迷的房地产市场氛围下，"亲商"派说客无疑会加倍努力反对包容性分区，但这样做毫无凭据，最终会损害他们自己的利益。

从另一方面来说，在美国，老奶奶套间还没有引起很大的关注。规划师称之为辅助住宅单元（accessory dwelling units，ADUs），聪明的市场营销人员称它为"后院小屋"，这些公寓的建设是精明的，但同时也是非法的。在美国只有很少数的ADU条例获得通过，这些条例允许独栋房屋在后院——通常是在后巷车库的顶上——建造一个能在自由市场上出租的小公寓。邻居通常会反对这种公寓，因为他们担心房价贬值。我的一位来自洛杉矶的大学室友直接说："我们担心9名非法移民会搬进去。"

幸运的是没有证据表明老奶奶套间会降低房产市值，原因也很明显。首先，这些小公寓几乎是不起眼的。其次，能为业主提供一个收入来源，能使业主在自己的房子里过得更舒服。第三，公寓的使用受到严格管制，以避免类似我的洛杉矶朋友提及的出租公寓可能产生的问题（事实上，房客通常是业主的父母或者大学生。）。第四，他们引入的这种可负担的住房是分散式的而不是集中式的，从而避免后者可能产生的问题。最后，他们不可避免地受到住在仅几英尺远的房东的监督。

这对提升可步行性来说是重要的，因为它们增加社区密度，促使更多的人使用人行道，使公交服务和当地购物变得更可行。它们通常最适于那些位于市中心边缘，历史悠久的独栋社区，在那里，平房和豪宅在步行街道旁排成一排。的确，这种现象仍然可以在查尔斯顿

1　我使用"世故"（sophisticated）一词是为了反对国家住宅建筑商协会，他们继续提倡不断地蔓延扩张，尽管他们的成员已经破产了。

（Charleston）和西好莱坞（West Hollywood）看到。在加拿大，老奶奶套间的建设规模也很大，那里的邻避人士（NIMBYs）通常在地方规划事务方面影响力不大。在 2008 年，作为城市生态密度计划的一部分，温哥华使这些 ADUs 合法化，数百套套间已经建好并出租。[1]

尽管如此，即使是一些美国最进取的市议会也会发现，使老奶奶公寓合法化是一个挑战。西雅图经过漫长的斗争最后成功了，但批评者仍然声称这些小屋会使城市密度加倍。其他人则认为邻居会失去"烧烤、招待客人和裸身走动怪癖"所需的隐私。[4]。现在在西雅图每一年大约有 100 套老奶奶公寓获得建筑许可。[5] 在撰写本书时，这样的小屋已经在波特兰（Portland）、迈阿密、伯克利、丹佛和佛蒙特州的伯灵顿合法化。[6] 如果你在上述其中一个城市安家，你可以花费大约 75000 美元建设一个套间。如果你在其他城市居住，注意：你可以向你所在城市的议会展示最少六条有用的 ADU 条例。

4.2.3 其他功能

关于功能混合的这个章节介绍就快变成对住房的讨论了，因为住房在美国市中心是最容易被忽视的问题，也因为美国大多数市中心需要吸引人们去居住而重新获得活力。随着越来越多的美国产业转移到海外或者由用笔记本电脑执行工作任务而又可以随意选择住处的人承担，大多数市中心都会为维持它们现有用于工作的空间而苦苦挣扎。当然会有例外，但这种情况会持续一段时间，直到有足够的人搬回市中心促使工作场所随之而来，就像 20 世纪 60 年代跟随他们去到郊区一样。

出于这个原因，吸引商业到城市的最好策略不再是传统的零和博弈（Zero-sum game），即通过税收减免、土地交易和其他投资优惠诱使企业离开其他地方。太多的城市不切实际地认为经济发展会在打高尔夫球和馈赠中发展，它们忽略了一个事实，即这种成功的案例越来越少，而且不会一直持续。毕竟因为 5% 的税收减免而舍弃费城到印第安纳州的公司会因为 7.5% 的税收减免而兴高采烈地搬到辛辛那提，也许不久之后还会搬到提华纳。

把吸引投资者作为经济发展策略的城市，其突出的特点是经济发展决策者与规划决策者彼此之间缺乏交流。而那些高明的城市，如洛厄尔市，则聘请了一位规划兼经济发展决策专家，其首要任务是创造一个市民乐于居住的城市。他明白这绝不是在萎缩的办公室市场中引入新的办公室租客。这个人明白未来哪里有创意人才，哪里的经济就会增长，因而才想办法吸引更多的人到市中心居住。

1　顺带说一下，这个国家中密集的老奶奶套间可能在佛罗里达州迷迭香海滩（Rosemary Beach）的新村庄中找到，那是 20 世纪 90 年代晚期我帮 DPZ 设计的。在最近的一次统计中，那里有 214 套用车库做成的公寓。

正如亚当·贝克建议的，这种策略意味着建设更多的商品房，同时也推进居民想要和需要的设施的建设，如公园和操场、超市和农贸市场、咖啡馆和餐厅以及优秀的学校，所有这些都是（城市）最佳步行性的必要组成部分。每一个设施都可以写一本书，远远超过本次的讨论范围。总而言之，这些设施是必需的，吸引它们的第一步是调整经济发展的方向，把建设一个能够拥有这些设施的城市中心放在首位。

4.3　正确的停车政策

停车场的成本及其建设对我们的影响；又是诱导需求；莫名的规矩；停车的代价；一些更聪明的地方；路边廉价停车场的问题；合适的价格；双城记；我们用这些钱做什么；12 亿美元的交易

撰写本章是因为一个人。他七十五岁上下，碧眼，灰胡子，常常骑着自行车。他拥有耶鲁大学的工程学和经济学四个学位，在加利福尼亚大学洛杉矶分校城市规划系担任教授，并负责管理交通运输研究所。他的名字叫唐纳德·舒普（Donald Shoup），是业内小圈子中的摇滚巨星。他又被人们尊称为"简·雅各布斯的停车政策"和"停车的先知"。他甚至还有一个名叫"The Shoupistas"的脸书粉丝团。[1]

舒普是真正思考城市中的停车如何发挥效益的第一人，因此赢得了崇高的地位。他对这个问题的一些观点得到数十年来实际证据的验证，如今他的观点刚开始受到应有的重视。用加利福尼亚州文图拉市前任市长比尔·富尔顿（Bill Fulton）的话来说，"舒普在 40 年里一直讨论着同样的事情，如今世界终于倾听他的声音了"。[2]这并不意味着世界已经按舒普说的去做，但万幸的是，转变即将到来。

在美国的城市，停车场的占地面积比任何一项建筑工程都要大[3]——只要看看休斯敦的航拍图就知道了——但是，在舒普之前似乎没有人试图去弄明白为什么会这样；规划师当然不会那么做，他们乐于像一群无头苍蝇那样在全国各地制定并推行过时的停车场配建要求。舒普注意到斯图尔特·查宾（F.Stuart Chapin）写的被誉为城市规划"圣经"的《城市土地利用规划》（Urban Land Use Planning）一书中，居然一次都没有提到停车场。¹我们写的《郊

1　唐纳德·舒普，《高成本的免费停车》（The High Cost of Free Parking），P25。这本书一共 751 页，重 3.25 磅。读完本章之后，你就会想要读一读这本书。本章内容并非全部出自该书，但有大部分内容都来自这本书。如果作者由此获得好评，我将感到非常高兴。

区国家》似乎要好些，但是这本书的重点在于"郊区国家是什么"而不是"为什么"，只有舒普细化到了"为什么"这个科学层面。

舒普结合经济学家冷静的逻辑思考和对现实谨慎细致的持续观察，提出停车场理论，即美国的每一个城市在处理停车场问题上都做错了。现在的美国城市一直在为停车场服务，而不是停车场为城市服务，完全是本末倒置。他还坚信，并举出例子说明这个问题可以很容易解决，并且对大家都有好处。他即将看到自己的理念在旧金山结出硕果，接下来我们将讨论这些话题。

4.3.1　停车场的成本及其建设对我们的影响

理解"停车"原理的第一步是要先了解停车的成本是多少，以及谁来支付这笔费用。因为停车场的场地资源丰富，通常还是免费的，你很容易会认为成本应该很少。但事实并非如此。在美国，最便宜的城市停车位，即使是在很不值钱的土地上的一块 8½×18 英尺的沥青路面，建设花费都要高达 4000 美元左右——况且没有哪块城市土地是不值钱的。在地下停车库，最昂贵的停车空间大概需要 40,000 美元或更多的建设资金。西雅图太古广场购物中心由政府出资建设的地下停车场每个车位的费用大概是 60,000 美元以上。[1]在这两种极端费用中间的是城市地面的标准停车场，其造价大概是每个车位 20,000 ～ 30,000 美元。

根据大多数停车场的规模进行估算，停车场的总造价累积起来简直是天文数字。有1200 个车位的太古广场车库花费 7300 万美元。舒普计算得出，"在美国，所有停车位的成本总和要超过所有汽车的价值，甚至可能超过所有道路的价值"。[4]此外，还有税收、管理以及维护等后续成本。如果杂志《Parking Professional》的数据可信，那么有超过一百万的美国人依赖"停车产业"谋生。[5]这些人员本身也产生费用。舒普基于对数百个停车场的研究而作出的保守估计量是，一个结构化停车位每月的花费至少 125 美元,即每天大概 4 美元。[6]

这个金额看似合理并且实际上相当容易承担。就算从朝九到晚五有 50% 的利用率，也仅每小时一美元。然而，是否大部分停车场都能够收支相抵呢？远非如此。一项关于大西洋中部地区停车场的研究表明，平均每个车位的年收入仅达到年支出的 26% ～ 36%。[7]

我发现洛厄尔的情况也与此相似。我曾经听说，那里六个公共车库的收入能够支付这些车库的所有债务。然而深入了解却发现，从 20 世纪 80 年代开始，其中的五个车库在大量

1　唐纳德·舒普，《高成本的免费停车》，P190。舒普指出，世界上停车场造价的最高纪录在日本，川崎的一个地下车库每个车位耗资 414000 美元，整个停车场耗资 1.57 亿美元。

纳税人的帮助下就已经还清了债务。所以，实际上，六个停车场的收益只是在支付一个新停车场的费用。

这种情况在美国很普遍，主要是因为城市和其他资助者人为地将停车费维持在较低的水平。由于有太多的停车位，十年前，一年的累积补贴是1270亿到3740亿之间，[8] 与国防预算相当。这些数据看起来很荒唐，但当你认识到美国最常见的停车场不是付费停车场，而是指在住宅区旁边，在办公楼里面，或者在沃尔玛前面这些免费停车的地方时，就不会觉得荒唐了。

如果说在美国大多数地方，停车是免费的或者是低价的，那停车成本最后由谁来支付呢？答案是：不管我们是否使用停车场，都是由我们来支付。舒普是这样描述的：

"最初，开发商支付所需的停车成本，但很快就改由租户支付，后来就变成了客户支付，以此类推，最后停车场的价格渗透到经济生活的方方面面。当我们在商场购物，在餐厅吃饭或者看电影时，我们都在间接地支付停车费，因为这个费用被包含在商品的价格、餐费和门票中。我们的每一笔交易都在不知不觉中支持汽车，因为交易费用中的一小部分钱被用于支付停车费用。"[9]

这种情况的后果让人有点担心，没有人可以选择不支付停车费。人们走路、骑自行车或者乘坐公交都会为开车的人提供资金。如此一来，开车的成本更低，因此开车会更加普遍，而这反过来又破坏了步行、骑自行车和公交的质量。

4.3.2 又是诱导需求

这听上去是不是有点熟悉？总体上和道路的情况一样，所有这些免费或者价格偏低的停车都会导致国民经济中很大一部分背离自由市场，以至于个人无法理性处事。或者更确切地说，就是个人的理性行为将会有悖于他们自身的利益。

总而言之，舒普计算出政府给收费停车场的补贴大概相当于驾车上班1英里补贴22美分，这就减少了足足71%的汽车通勤成本。取消这个补贴就相当于1加仑汽油上涨1.27～3.74美元，[10] 这个价格将改变很多人的驾驶习惯。

倘若这个补贴能为社会创造更大的利益，那还算得上是合理的，可惜是它只有一个好处：廉价的停车。从另外的角度看，其作用又如何呢？使空气和水的质量变差，加速全球变暖，增加能源消耗，提高房屋成本，减少公共收入，破坏公共交通，增添交通拥堵，损害公共利益，加剧郊区蔓延，威胁历史建筑，弱化社会资本，以及恶化公共卫生，这还只是其中的一些而已。[1] 为什么你还想要免费停车场呢？

4.3.3   莫名的规矩

你可能声辩说，商家应该提供停车位以吸引顾客，这是有道理的。但是在美国，这样的停车场不仅被允许，而且是一种要求。一些城市比如加利福尼亚州的蒙特利公园，不仅要求配置停车场，还坚持要求为访客提供免费的停车位。[11]

这些要求对城市功能具有极大的破坏性。擅长长篇类比论证的大师舒普是这样描述这一情况的：

"如果城市要求餐厅为每位顾客提供免费甜点，那么每顿饭的价格就会相应地提高以抵消甜点的费用。为了保证餐厅不会压缩甜点的大小，城市需要对食物设定精确的'最低热量'要求。有些顾客没有吃却也要为甜点买单，而有些顾客则不得不吃下如果分开付费他们则不会要的甜点。这样的结果无疑造成肥胖症、糖尿病和心脏病的流行。一些食品意识较强的城市，比如纽约和旧金山，可能会禁止免费甜点，但大多数城市将继续支持这一措施。很多人想到他们长时间为免费甜点付账的时候都会很生气。"[12]

当查看任何一个城市、郊区或乡村的分区标准时，都会看到大量有关停车的要求。规划师面对大约 600 种用地类型，每个都有其最低的停车要求。[13] 舒普的研究表明这些指标缺乏最起码的数据支持并与现实脱节。[14] 加油站要求每个加油嘴之间配 1.5 个停车位。保龄球场要求为每个雇员配一个停车位，每条球道配 5 个停车位。游泳池要求每 2500 加仑水配一个停车位。[2] 这些要求从一个城市传到另一个城市，[15] 最终导致了一个结果：太多的停车场。

停车场的数量到底有多少呢？ 2010 年美国第一次全国统计表明，任何时间都有 5 亿闲置的停车位。[16] 超出我们预期的是，2002 年对西雅图中心商业区的调查表明，在高峰需求时段，几乎有十分之四的停车位空置。[17] 停车场供大于求的情况通常发生在城市中心区，这是因为城市中心区不切实际地照搬了只能开车出行的郊区停车场建设标准。

---

1   唐纳德·舒普，《高成本的免费停车》，P585。除了最后三个，其他标准都是舒普提出的。
2   唐纳德·舒普，《高成本的免费停车》，P80。我特别喜欢这个要求，它显然意味着一个 10 英尺深的游泳池可以容纳的人数是 5 英尺深泳池的 2 倍，就好像把两个泳池叠加在一起，像奢华的双层豪华巧克力。

即使是华盛顿特区也遭受着这种情况。当我和我的妻子在这里建自己的房子时，尽管我们没有车，也被要求就近建一个车位。我们的住所离地铁站只有三条街的距离，我们的邻居也都没有车，但是街边却有大量的停车位。具有讽刺意义的是，在我们自己的地盘上建停车位需要拆除沿街停车的空间——也就是用私人物品代替公共物品，会破坏路边的花岗岩路沿，我们的车道也会占用公共人行道。我没有车子，因此我设计了无车位的房子，并把设计方案交给区划申诉委员会听凭处治。最终，我不建车位的理由占了上风，但耗费了整整九个月的时间才最终得以确定并引起了公众的争论，《今日美国》还就此进行了报道。[18] 我想，几乎没有别的设计师会去惹这样的麻烦。这么说肯定没错，因为直到四年之后，相关的分区法规还是没有得到修改。

每当我想要抱怨我们在华盛顿遭遇的停车问题时，我就用 DC USA[1] 的故事提醒自己。在 20 世纪中期，这个在当地来说最大的零售商业综合体开始建设。其投资规模达 1.45 亿美元，建筑面积达 50 万平方英尺，主要商家包括塔吉特公司、百思买集团和万能卫浴寝具公司。因为它建在哥伦比亚高地中心的一个地铁站附近，10 分钟步行范围之内就有 36000 人，[19] 所以特区便大刀阔斧地修订停车要求。它没有墨守之前"每 1000 平方英尺就必须配有四个停车位"的郊区标准，而是将这个标准数量减半。[20] 尽管设计者预测停车场仍然过多，但这个项目最终还是用了 4000 万美元的纳税人资金建造了能容纳 1000 辆车的地下停车库。

转眼到了 2008 年，DC USA 取得了巨大的成功，给挣扎的社区带来新的生机，部分原因是它以行人为导向的设计理念。商家的生意却出乎想象得兴隆，而停车场经常是空荡荡的，以至于管理人员常常要关闭两层停车场中的一层——一个耗资 2 千万美元建造从未有人光顾的地下空气博物馆。从二月到七月，平均使用率最高时也不超过 300 辆汽车，在任何时候都不超过整个停车场车位的 47%。[21]

这个教训非常昂贵，对哥伦比亚特区和纳税人而言数目高达每个月 10 万美元。现在进入第 5 年，停车位的收入远远不够车库还本付息。正是这个惨痛的教训，城市最终要重新修订被奉行了 50 年的停车规定，取消对地铁站附近的商业、办公和住宅的最低停车要求。[22] 他们决定按着唐纳德·舒普的建议把商业停车位交给市场决定。

甚至是小的郊区城市也开始发现其停车配建要求通常太高了。在加利福尼亚州乐于创新的帕罗奥图市进行了一项有意义的试验。房地产商可以虚报 50% 需要配建的停车位，

1　DC USA 是华盛顿特区哥伦比亚高地面积达 83000m² 的零售商业项目。2009 年被评为美国"最佳商业空间"。——译者注

前提是要将节省的土地改为日后可以建成停车场的"景观保护区"，以便满足今后可能出现的停车需求增长。不过，这样节省下来的"保护区"到目前为止一块也没被转化成停车场。[23]

4.3.4 停车的代价

即使在居住密度高并且公交系统完善的城市里，充足的停车场也会刺激人们驾车出行，而如果没有充足的停车场，人们便不会驾车出行。这就像舒普经常喜欢说的那句话："路边停车是汽车泛滥的助长剂。"[24] 我们已经讨论过大部分因为驾驶而带来的困境，从全球变暖到过度肥胖，但是在这里，我们暂时把焦点放在就近停车配建指标对社会和个人产生的独特的损伤上，这个讨论将很有意义。

在《郊区国家》一书中，我们创造出"彭萨科拉停车综合症"（Pensacola Parking Syndrome）这个词来形容那些想尽一切办法来满足人们停车需求的历史名城的命运。为了达到这一目的，他们拆除了美丽的历史建筑来建造丑陋的停车场，停车场数量众多以至于没有人想要到市中心生活了。[25]

显然，摧毁建筑杰作只是迫于停车的压力而造成的最明显也最令人苦恼的恶果之一。在底特律，停车场甚至建在了1926年完工的洛可可风格的密西根大剧院的拱顶之下。更具有讽刺意味的是，这个停车场就坐落在亨利·福特发明汽车的地方。在布法罗，这个历史名城的市中心已有50%的土地变成了停车场，一位评论家讽刺道，"如果我们的'蓝图'是摧毁所有的市中心，那我们的征程已完成了一半"。[26]

然而，最近以来随着保护主义者手中权力的增大，因停车需求而造成的伤害往往更加微妙，这种"伤害"不再采取破坏的形式，而是形成阻碍使很多合理的改进措施无法实施。大多城市空置建筑，不论是历史建筑还是其他建筑，都坐落于狭小的地块上，使增加停车空间受到限制。然而，许多建筑用途的改变都需要大幅增加停车面积。舒普提到，要把一个废弃的家具店改造成为一个新的自行车店，停车场通常要扩大三倍。[1] 但是这些空间又从何而来呢？

结果当然是无计可施，老建筑只能空置。同样地，生意蒸蒸日上的餐厅想要在人行道上增加餐桌——现在的每个城市都希望看到这种局面，但不增加停车位就不能这样做，而增加停车位通常又不可行。[27] 在城市中提供更多停车位的唯一途径是花费巨大的成本建造多

---

1 唐纳德·舒普，《高成本的免费停车》，P153。舒普讲述了南伯克利的一个企业家的故事，他想将一个失败的吉他店改装成餐厅，但是由于不能满足增加12个停车位的要求而无法进行。

层停车场来取代地面停车场，但这样就更难赚取利润了。

　　停车场问题导致的商业停滞只是一个方面。另一方面，最低停车位规定对居民的支付能力造成了巨大负担，特别是住房方面的负担，这对那些最需要住宅的群体影响更甚。据旧金山的开发商估计，每个单元配一个停车位的规定令经济适用房的成本增加 20%。舒普估计，取消这个规定将使能够买起房的旧金山人增加 24%。即使是城市的总规划师阿密特·高希（Amit Ghosh）也认为，"我们正在强制人们建造他们支付不起的停车场。"[28]

　　相似地，在奥克兰市的一项研究表明，每个家庭拥有一个停车位将"增加 18% 的住房成本，使居住密度降低 30%。"[29] 帕洛阿托的阿尔玛广场是一个有着 107 个单间的非营利性酒店，它获得特许，停车场建设规定降低到每单元 0.67 个车位，但即便这样，增加的建设成本依然高达 38%。[30]

　　而更重要的问题在于，步行指数高达 95 的阿尔玛广场的未来居民有需要停车场的理由么？一个离火车站只有三条街，位于美国最适宜步行并且就业率最高的社区内的家庭有必要拥有私家车吗？我好像还没提到，这里的火车站竟然配有 300 多个通勤停车位而且通宵空置！[31]

　　答案不是未来的居民会有汽车，而是现在的居民担心街道上停车场设置不当引发的乱停车。更让人困扰的是，城市禁止开发商收取停车费。房产公司想收取每月 100 美元的停车费都要遭到禁止，而若是有了这样一笔停车收费，不开车住户的租金就可以减少 10%。[1] 所以说，即使在帕洛阿托最穷的人当中，行人也要补贴开车的人。这是多么"进步"的做法。

　　不过，在我们进一步抨击帕洛阿托市之前，让我们先把责难的目光转回绿色大都市——纽约。在纽约，房屋管理局依然保持着廉租房的最低停车位规定。这个最低要求迫使城市放弃在数个 20 世纪 60 年代"高层花园洋房（tower in the park）"项目加建城市急需的沿街建筑计划。目前，在布鲁克林区的布朗斯维尔就有这么一个项目悬而未决。尽管其直接与通达曼哈顿的 2、3、4 和 5 号线地铁的两个站相联，但这个项目还是迫于最低停车位要求而被闲置，无法利用地面停车场建设住房、商店、学校和花园。房管局局长隐晦地承认，"某些分区规则可能需要重新修订"。[32]

4.3.5　一些更聪明的地方

　　如果你去过曾被誉为艺术家天堂的加州卡梅尔镇，在风景如画的海洋大道（Ocean

1　唐纳德·舒普，《高成本的免费停车》，P150。在原来平均租金为 500 美元的基础上，租金预计降低 50 美元。

Avenue）上散步一定会使你陶醉。这不是因为路面平整——20 世纪这里还因为大量关于摔倒的诉讼案而导致穿高跟鞋要获得城市批准呢，而在于步行环境其他方面做得都很出色，包括路面上没有停车场。[33]

海洋街上没有路旁停车场，因为这样做违法。企业主不得为顾客和员工提供停车场，而是提供停车场的替代费，以使他们使用几个街区之外的公共停车场。这个策略形成了一个由中等尺度院落和通道构成的街区，同时又能确保人行道上有最丰富的活动，因为再也没车在前往目的地的途中从你屁股后面冲过去了。除了卡梅尔外，在美国采用这种方式处理市中心停车问题的城市还有十多个，包括奥兰多、教堂山和伊利诺伊州的森林湖。这些城市的停车场替代费通常在 7000 到 10000 美元，大致相当于建设一块沥青路面停车场的费用。在寸土寸金的比弗利山庄，大部分停车场都是结构化的，开发商需要为每个停车位支付 20000 美元。在更为激进的卡梅尔，则高达 27520 美元。[34]

然而更有趣的是——也许有点让人沮丧——这种方案并不能直接针对停车场供给。毫无例外，这些城市的市中心仍有大量的停车需求，有些需求还非常大。[35] 只不过企业无须提供停车位，而只需支付停车位费用即可。这样可以使停车场位于正确的位置，更重要的是，可以共享。当停车场不再是商家私有时，它将变得更加高效。一个白天为写字楼配套的停车位，晚上可以用来满足餐厅的停车需求，而到了夜里又可以为居民提供停车服务。这样一来，在设定停车最低要求的同时取缔私人停车场，城市可以间接地减少需要提供停车场空间。最终，当实际所需的共享停车空间由现实生活决定时，城市就可以降低停车替代费。也可以让它保持稳定以赚取差价。

对于大型雇主，加利福尼亚州开创了另一个非常有效的停车场管理策略，叫作"停车位套现"。《加州健康和安全条例》（The California Health and Safety Code）要求许多为员工提供免费停车位的企业允许员工出让停车位以获取等价的现金补贴。这条法规十分巧妙，因为它不是萝卜加大棒策略，而是只有萝卜没有大棒。这些城市需要企业根据其停车位套现的数量减少停车位，如此，既不增加雇主的负担，又有效刺激员工选择其他交通工具。平均来看，使用这种方法的企业中，员工开车上下班的数量减少了 11%。在洛杉矶的市中心，一个企业的停车需求下降了 24%。[36]

停车场代替费用和停车位套现这两种方法是一个伟大的开端，它将停车费用从其他活动费用（这些活动费用中原本被强制嵌入了停车费，使停车费成为隐藏的费用）中剥离出来，这样，停车需求就可以再一次由自由市场的规律决定了。"剥离"的概念具有重要的意义，以至于人们都期望它能普及开来。然而事与愿违，它十分罕见，因为在一些地方，如帕罗阿托市，居民担心昂贵的停车场会导致贪小便宜的人挤占了他们宝贵的路边停车位。这种担心是有道理的，因为大多数城市缺乏一个全面针对路边停车和停车场停车的管理政策。在这个政策出台之前，替代费用和停车位套现可作为将路外停车完全取消这一宏伟目标的过渡性策略。

废除路外停车需求是舒普的三大理论基础之一，因为这允许市场来决定到底需要多少停车场。他指出，"消除路外停车的规定不会消除路外停车需求，反而会因此刺激一个活跃的商业市场"。[37] 这将会给美国带来与西欧一致的政策，对此舒普描述如下：

美国城市通过规定停车场数量下限来满足高峰时段的免费停车需求，接着又通过设定开发密度上限来限制汽车出行。与此相反，欧洲城市常常通过设定停车场数量上限来避免拥堵的出现，并把这一策略与设定开发密度的下线结合起来，以来鼓励步行、自行车和公共交通出行。也就是说，美国人鼓励建设停车场却又限制居住密度，而欧洲人鼓励提高密度并限制停车场的建设。[38]

这样的概念似乎在我们这里不太可能赢得很多追随者，但美国大部分步行社区正是根据自由市场而形成的。在曼哈顿，开发商感到没有必要为他们的公寓、商店和写字楼提供停车位，所以结果是更像杜塞尔多夫，而不是达拉斯。如果实施停车配建的规定，很难想象会有这样的结果。取消停车最低配建要求仅仅需要开发商能够满足其客户要求。但是，正如我们将要讨论的，只有与能够维护当前居民现状的保障措施相结合，这种做法在政治上才能具有可行性。

4.3.6 路边廉价停车场的问题

廉价而充足的路外停车场只是问题的一部分。问题的另一部分在于街道上到底发生了什么，而在这件事情上甚至连纽约城都是大错特错的。因为如果路边停车的定价不当，那么整个停车制度便将收获低效的恶果，给驾驶人和非驾驶人都产生巨大的损失。

以曼哈顿为例。在曼哈顿的大部分地方，路外停车场第一个小时收费大概是 15 美元，而路边停车只是 3 美元。这样一来，整条街道的两边都并排塞满了汽车，而仍有开车的人搜寻着廉价的路边车位，也就不足为奇了？街边停车的价格偏低并不比水电等市政业务根据街区面积而随意打折更公平，这样做只会适得其反。对六个城市的不同地段的研究发现，大约三分之一的交通拥堵是因为人们寻找停车位所造成的。在洛杉矶附近一个的社区——韦斯特伍德村，这里的车辆数量在下午 1 点至 2 点之间达到了平时的两倍，其中高达 96% 的车为了寻找车位而在这里兜圈。[39]

　　大部分的美国城市存在类似的情况。在芝加哥的市中心，路边停车的花费仅仅是路外停车的 1/13。[40] 不合理的市场配置所带来的结果不仅仅是交通的拥堵，还包括由此产生的不良后果——污染气体排放、时间的浪费、紧急情况反应迟钝，和减少地区的商业收入。这个违反直觉的事实让尽一切努力来反对提高停车费率的企业感到惊讶。这些商家忘记了咪表的起源，在俄克拉荷马城，它是作为一个用来提高商业收入的工具。舒普引用了 1937 年《美国城市》杂志（American City）一名记者的一篇报道：

　　　　商家和消费者都喜欢它们。当街道的一边有停车位时，另一边的商家便也需要停车位。当一个城市有停车场时，那么附近城镇的商家便也需要停车场，他们要以此来表达对外地顾客的欢迎，而不是要赶他们走。[41]

　　为什么第一代咪表如此受欢迎？因为它减少了过度拥堵和由此引起的麻烦，同时也增加了营业额，确保每个小时有更多的顾客。结果是扩大了更多的销售额并显著提升了市中心的物业价值。[42] 今天，这样的道理一样适用，因为低廉的路边停车位，吓走了那些认为没有停车位的潜在顾客，甚至旁边的停车场空了一半时也是这样。正如舒普指出："如果只要花 5 分钟就可以开到别的地方，那么为什么还要花 15 分钟来兜圈寻找停车位呢？"[43]

　　我在洛厄尔市就遇到过这种情况：下午六点开始，路边的停车位免费停车，但是停车场依然收费。结果住户下班回家赶紧把车停在餐厅外的停车位上，导致前来吃饭的人没有地方停车。

4.3.7　合适的价格

　　舒普的第二个重要的建议是，街道上停车位的收费水平应能够总是维持 85% 的使用率。[44] 这数字看起来有点低，相当于每个街区面有一个空车位，正好能确保"沃巴克斯老爹"（Daddy Warbucks）¹ 随时能在皮草店找到停车位。因为恰恰是那些有闲钱可用的消费者对主街上商家的贡献力最大。

　　从其最复杂的形式来说，这种方法意味着拥堵收费可以不断变化，我们将随后对此加以讨论。但对于许多城市来说，将停车费标准提高一个等级就可以产生明显的效果，特别是在当前不收费的情况下。20 世纪 90 年代的阿斯彭（Aspen）和最近加州的文图拉就是这样的情形。

1　来自电视剧《Little Orphan Annie》的人物。——译者注

　　舒普的研究指出，1990 年阿斯彭市中心商家遭受路边停车拥堵的困扰。为此，该市花巨资建设了一个停车场，但停车场车位的使用率仅有 50%，而路边停车仍然混乱，最后该城市提出路边停车每小时收费 1 美元，结果把情况搞得一团糟。[45]

　　反对者主要是当地的职员，他们发起了一场沸沸扬扬的"如果你讨厌停车收费就鸣喇叭"的运动。但是这场运动很快就遭遇了声势浩大的转圈寻找车位和并排停车已成为常态的"如果你喜欢脏空气就鸣喇叭"运动的抵抗。停车收费最终占据上风，新收费标准在 1995 年生效。紧接着，这些反对者就意识到他们过去的做法是错误的。现在城市停车场运行良好，街边停车和转圈寻找停车位的乱象都得到了很好的控制，商业蓬勃发展，城市一年增收超过 50 万美元的停车费，其中大部分来自于游客。[46]

　　在文图拉，追随舒普理论的市长比尔·富尔顿（Bill Fulton）实施街边停车费每小时 1 美元的收费标准，目标是达到 85% 的使用率。[47] 富尔顿不仅是市长，也是一位城市规划师，他的博客值得关注。在 2010 年 9 月 14 日的这个值得纪念的早上，他发布消息称："在我们设立这个停车管理制度后仅 30 分钟，就见效了。"之前员工们把车挤在路边停放，现在则都自觉地把车地停放在附近的停车场。[48] 富尔顿接着说：

　　在过去的几个月一些顾客抱怨说购物中心停车是免费的，为什么在市区停车就要付费呢？答案是……你付费是为了进入数百个高档车位……毕竟，所有购物中心的停车位都是远离商店的，甚至比市中心最偏远的免费停车场还远。如果你有可能把车驶入购物中心，并停在你喜欢的商店前面，难道你不认为购物中心要收取停车费吗？还有，难道你不认为有些顾客会认为花费这个价钱是值得的吗？[49]

　　该市计划根据情况调整收费标准：如果停车位使用率低于 80%，价格会降低直至使用率超过 85%。[50] 有必要强调，这一规则有正反两方面的作用。在爱荷华州达文芬波特市，免费停车场和路边咪表相结合形成了鬼城效应：没有人在路边停车，这个地方给人的感觉是了无生机，司机沿着空荡荡的街道毫无顾忌地加速行驶。我们的规划团队说服这个城市将路边停车的收费下调为"零"，直到空车位变得稀少。这个改变立刻提升了市中心的活力，也因此令我们交了一些朋友——不过可能是建立在错误的基础上。不幸的是，我们没能阻止市长用"救生颚"砍掉咪表，[1] 因为这可能会传递一个错误消息：停车永远免费。

1　"救生颚"是一种大型工具，用于将人们从事故中的汽车或倒塌的建筑物中解救出来。——译者注

不论是阿斯彭、文图拉还是达文波特，对其进行的研究都不充分。但对路边停车合理收费最重要的研究是 1965 年伦敦市中心的研究。研究发现停车费增长四倍。而平均停车的时间却缩短了 66%，商家的营业额大幅攀升。寻找停车位的平均时间从每次 6.1 分钟缩短到仅 62 秒。[51]

在 21 世纪的版本中，我们来看看旧金山。在舒普的影响下，旧金山近期引进了真正的拥堵收费制度。8 个社区的 7000 个停车位（占整个城市停车位总量的 25%）的收费根据实际情况每个街区、每个小时都在调整，以达到 80% 的最大使用率。[1] 这意味停车费用从每小时少至 25 美分到每小时多达 6 美元不等。这个系统还包含了试验地区的 14 个市属停车场，因为如果要让司机做出明智的选择，社区停车位和市属停车场必须联动。如你所料，这就是旧金山，这个项目得到了在线实时数据的大力支持，包括智能手机的应用软件，它能告诉你在给定的街道上有多少可用的停车空间和要花费多少钱。[52] 网站 sfpark.org 简直是一个奇迹。

这个停车系统包括成千上万个新安装的汽车传感器，其造价并不便宜。其大部分资金来源于美国交通运输部 2000 万美元的资助 [53] ——有人会纳闷：如果没有联邦资金，资金将从哪来？我们很快就会知道这笔投资非常划算。如果系统运营的每个方面都能够接近预期的设想，它将在短期内通过新增的停车费收入赢得巨大的收益。引入这个制度的目标虽然不是为了盈利，但我们很高兴它能够创造收益。事实上，正是因为这些系统能够为自己买单，所以我们希望它可以得到推广。

在旧金山实行拥堵收费制度没什么好惊奇的，成熟的拥堵停车收费制度是很多城市想去尝试的。但是，由于它是新事物而且启动成本很高，如果很容易就可以做得"足够好"，小城市可能会选择不花大价钱追求完美。只需要简单地对市中心停车位和停车场重新定价就可以解决大多数城市 90% 的停车问题。就是说，当启动成本不再是阻碍，而潜在的收入又如此巨大时，如果不采取成熟的拥堵收费停车制度，就会贪小便宜吃大亏。

4.3.8 双城记

就好像我们还没信服一样，舒普给我们上了最后一堂停车应该收费的德育课。这个故事发生在加利福尼亚南部的两个购物中心：古老的帕萨迪纳和西木村。在 20 世纪 80 年代末，

---

1 目前旧金山的这个路边停车收费管理系统（SFPark）（截至 2011 年 4 月 11 日）使价格随着租用率变化，当租用率高于百分之八十时停车收费价格上升，当租用率低于百分之六十时价格下降。但是，为什么这些数字低于舒普所说的百分之八十五，并没有给出解释。

这两个城市购物中心非常相似。其规模大致相当，而且同样坐落在大城市中历史悠久的地段（帕萨迪纳和洛杉矶），按常规都设有政策审查委员会和商业提升区。两个商业中心的路边停车空间有限，但都拥有充足的路外停车场。两个商业中心的经济氛围还算可以。如果说有什么不同，那就是西木村的发展的更好一些，因为其周围不仅有高密度的住宅并且还有富裕的消费者。事实上，舒普指出帕萨迪纳的居民以前通常乐意花 20 分钟车程以便去西木村购物。[54]

而到了 20 世纪 90 年代初，这两个地区走上了决然不同的道路。当两地都为拥堵的路边停车而烦恼时，只有老帕萨迪纳提高了停车收费标准，并安装了 690 个咪表。在两地均按常规执行路外停车配建标准时，只有老帕萨迪纳实行"停车场替代费"策略。这样一来，帕萨迪纳的城市开发者便能够提供资金建公共停车场，而不是由其自己建额外的停车设施。[55]

十年后所发生的变化，无论是从理论预见性还是从现实性来看，都令人震惊。老帕萨迪纳上演了一场辉煌的复兴好戏，而西木村经济则开始持续下滑，并且一直滑落到今天。如今西木村的居民开车去老帕萨迪纳购物。西木村的路沿年久失修，而老帕萨迪纳的道路两侧人行道则新安装了行道树栅栏、明亮的街灯和街道家具。不单每个计费器每年为老帕萨迪纳带来 1712 美元收入，营业税也大幅增长。的确，在路边咪表安装后的六年里，整个城市的营业税收入增加了两倍。[56]

在老帕萨迪纳很轻松就可以找到停车位，而在西木村，购物者平均要花费 8.3 分钟才能找到一个停车位或者到头来发现无车位可停。舒普不厌其烦地指出，这些在西木村来回绕圈寻找停车位的人用于停车的时间加起来每天多达 426 个小时，相应的车程可以横穿美国还绰绰有余。一年算下来，这个数字可以让我们环游地球 38 圈。[57]

为了把故事讲的更加完整，有必要再花一些时间说明西木村的确眼光短浅。其社区领导将经济不景气的原因归结于缺乏停车场，将路边停车的费用降低了一半（"亚当·斯密斯，请给你的办公室打个电话！"）同时，西木村继续执行严格的"回建车场"策略，这使得城市更新无法有效推进。即使西木村大量的地面停车场在高峰时段仍然还有 1250 个空置停车位，任何想开发这些地块的开发商除了要满足停车配额要求之外，还要回建原来一半的停车场。[58] 至今这个规定仍然有效，虽然路外停车位已经供过于求，但这项规定还是在强迫开发商建造昂贵的多层停车场。

西木村的教训提醒我们注意这样一个事实，关于停车的决策从来不能凭空产生，不知情的公众所带来的政治压力通常会改变决策的结果。事实上，老帕萨迪纳差点走向了另一条路。当该市第一次提出安装咪表时，受到了市中心商家的极力反对，他们坚信这样会使所有顾客流失到大型购物中心。两年后双方才相互妥协、达成一致。[59] 有趣的是，正是因为双方都有所退让才赋予新停车制度以最大效力。

4.3.9　我们用这些钱做什么

老帕萨迪纳市向犹豫不决的商人们抛出的最后一条橄榄枝是，所有来自咪表的净收入都会被用来改善城市设施和提供新的公共服务。为什么不这样呢？这是可以自由支配的资金，每年高达百万美元，其来源也很清楚，其余地方的任何人都不得使用这笔钱。

这个创造性的飞跃引导我们去思考舒普的第三个理论，将停车收入用于本地建设的"停车受益区"制度[60]。除了改善人行道、绿化、照明以及道路设施外，停车受益区还将架空电线下埋，翻新店面，雇佣公共服务专员，并保持整个地区环境干净整洁。他们还能够在一个街区以外的地方建设停车场以满足额外的雇员和购物者的需求。在帕萨迪纳，停车收入甚至提供资金将破败的后巷改造成有趣的步行网络。[61]

由于大多数的访客都来自外地，所以停车费是根据他们乐意支付的价格确定的。只要雇员们能够在合理的步行距离范围内找到停车场，那么这场交易中就没有输家。正如舒普提到的那样，"假如外地人为路边停车付费，而城市用这笔钱为当地居民谋求福利，那么路边停车收费的政策比如今经常出台的触碰政治雷区的'第三轨'政策（the political third rail）更容易被人接受。"[62]

零售区的情况完完全全就是如此，那么对于已经很拥堵的以居住区为主的街道会有什么样的结果呢？对于担心路边停车场不足而反对减少路外停车场的帕洛阿尔托居民来说又会怎么样呢？威胁要消除舒普的两个主要理论"第三轨"政策的着眼点不在于钱的去向，而在于现实中夺走任何人"免费"享用的东西是非常困难的。而这就是纽约几乎所有路边停车场都仍然免费的原因。

舒普没有忽视这个事实，他引用乔治·科斯坦萨（George Costanza）的著名演说："我父亲、母亲、兄弟等所有人都不会支付停车费。这就如同光顾妓女，假如想想办法就有可能免费享用，为什么要付钱呢？"[63] 将停车计时器安装在店铺前面是一回事，安装在居住区可就完完全全是另一回事了。所以，将理论运用于现实就需要作适当地调整，实施居民停车许可证可以实现上述目标。为了追求最大的停车效益，停车收费同样是以市场来定价，但是在某些情况下，必须将停车费调低以争取居民从更广大的公共利益出发支付停车费，正如保障房必须保证低收入者能够负担得起一样。不妨告诉你，一旦居民们习惯了付费购买停车一卡通这个主意之后——即使一年的手续费只有 20 美元——他们很快就会愿意支付更多，而且爽快程度令人惊讶。

如果没有亲身经历帕洛阿尔托的惨败教训，我不可能认可会有一种简单的解决办法，然而，合理地管理和使用停车一卡通的确可能会扭转局势。在所有的停车政策中都被忽略的一件事就是停车规划，一个完善的综合停车规划最切合美国所有"停车需求过剩"地区的需要。此规划应包括路边停车定价、路外停车定价、鼓励统筹开发的停车替代费、停车受益区和在需要的地方发放居民停车许可证。综上所述，综合管理不仅仅要着眼于停车位带来的收入，还要着眼于促进宜居社区建设。停车位是公共财产，管理时必须以公共利益为重。这种管理要充分利用自由市场的优势，但是它本身并不是自由市场，记住这一点很重要。[64] 在美国的每个城市中，管理好单一用途规模最大的土地就是城市职责所在。

4.3.10 12 亿美元的交易

如果停车场是公共财产，那么为什么理查德·M·戴勒市长（Mayor Richard M. Daley）会将它卖掉？我们很多人都不明白，为什么政绩显著的戴勒市长要将芝加哥 3.6 万个路边停车位 75 年的使用权出售给摩根士坦利投资公司。答案可能与日期有关：2008 年 12 月，城市深陷经济危机，而 12 亿美元的确是开价不菲。[65]

这 12 亿美元传递给我们很多信息。一是为旧金山的拥堵收费机制支付的 2000 万美元是一笔小钱。二是私人管理停车显然暗藏着巨大的财富。而且，当芝加哥这样做了之后，全国许多城市也会这样做。在写作这本书时，一些城市正试图通过出售车位改善其财政紧缺的困境，纽黑文市就是其中之一。很多城市也已经开始将他们的公共停车场私有化。

毫不奇怪，出让停车位导致路边停车费飞涨，芝加哥将停车位出租后，其路边停车收费上涨了不少。居住区内的停车租金从 25 美分／小时飙升到现在的 2 美元／小时。市区环路以内的地区，其停车费已经很高，未来收费将高出一倍以上，高达 6.5 美元／小时。[66]

短期来看，这项策略可能恰恰是歪打正着。贪婪的投资者做到了城市做不到的事——使停车费与其价值保持一致。千方百计地提高路边停车的价格，使之慢慢与其价值持平。随着需求水平下降到接近供给水平，舒普的 85% 停车场使用率的理想状态便可能会实现。但谁说 85% 的使用率会保持下去？就像私人停车场的承包商所言，每次收费 10 美元的停车场就算使用了 85% 也比不上收费 20 美元的停车场仅使用一半停车位时利润那么高——而且几乎没有谁能垄断市内所有的停车位。摩根士坦利将路边停车利益最大化与城市追求停车位利益最大化没有任何关系。因为城市还看重停车带来的驾驶速度，商业利润和物业价值等方面的影响。

这才是可怕之处。芝加哥出售停车位所带来的实际困境与我们将城市停车作为一个综合系统这一更宏观的讨论有关。只有对路边停车、路外停车、停车许可和停车法规统筹管理时，才能取得最佳效果。在过去，这几乎不可能发生，但情况已经开始改变。老巴沙迪纳的经验告诉我们，管理良好的停车场不仅是可以实现的，而且还可以盈利。舒普的理论很快就会大行其道。赞同舒普理论的人已经做好准备迎接光辉。如果在这个停车变革的关键时刻，城市把这个强大工具的使用权卖给出价最高的竞标者，那将会是一个遗憾。

4.4 让公共交通发挥作用

美国处于什么位置；傻瓜，关键是社区；别跟达拉斯一样；另一种交通方式；有轨电车的作用；适用于驾驶者的公交运输系统；火车和公共汽车的比较；尽量租车

如果我必须挑一个最恰当的词来解释为什么良好的公共交通系统是建设适宜步行城市的关键一部分，那么这个词会是：约会。我30多岁时住在迈阿密，在同一个住宅区里能够满足我生活、工作和娱乐的全部需求。这样的住宅区在迈阿密的南滩区、椰林区、市中心的珊瑚阁区或者其他适宜步行的城市都可能存在。那时我是个期待找到人生伴侣的单身汉，而且我又不愿意把意中人的范围局限在像小镇那么大的社区，而且理论上说，整个迈阿密都是我的目标范围，要这样做意味着我得买辆车。有这种情况的人不止我一个。通俗一点说，城里的居民希望能够享受城市所提供的一切服务。如果不能通过公共交通方便地享受城市中的绝大部分服务，那么有条件的人就会去买车，最终将会出现一个以私家车出行为主的城市。当城市发展时，就是以汽车为中心的，并导致社区结构瓦解，街道扩宽。步行的效用差或步行的体验差，久而久之，步行就会变得不可行，甚至不可想象。

数据证实了公交和步行间的这种关联，它清晰地揭示出美国城市中利用公共汽车通勤人数较多的城市，步行通勤者的人数也比较多。当超过四分之一的上班族搭乘公交，那么就会有超过10%的人步行上班。如果搭公交的人不足5%，那么步行的人也不会超过3%。[1] 这不仅是因为搭乘公交的人步行得更多，而且如果一个城市以公交为导向进行塑造，那么不乘公交的人同样也步行得更多。一般情况下，城市要么鼓励人们开车出行，要么鼓励人们以其他任何方式出行。

大多数美国城市都是汽车城市，这种状况在很长一段时间里都不会改变。对这些城市来说，公共交通仍旧能担任重要角色，因为它增强了为数不多的适宜步行的地点的可步行性以及它们之间的联系——下文会详细论述。相比之下，波士顿、芝加哥和旧金山等一些美国城市都毅然选择成为不单纯依赖汽车的城市，还有不少其他城市很快也将加入上述城市的行列。巴尔的摩、明尼阿波利斯、丹佛、西雅图……这些城市开始投资规划完善的公交系统，而如今年轻一代的公民都有意识地尽量避免开车，可以想象一个基于综合性公交系统的步行城市将会在不远的未来实现。

尽管这些城市的交通系统像城市本身一样有很大差异，但是它们都有一个共同点：这些城市中的一些人可能会以狂热的方式促进公交系统的剧变。无论是宾夕法尼亚州伯利恒市"替代性交通方式联盟"决不开车的领导人，还是凭个人之力为辛辛那提市带来有轨电车的Protransit公司的约翰·斯奈德（John Schneider），都有人对联邦和州政府的资金穷追不舍，组织实地调查，或者为争取大运量公共交通而奋斗。然而，他们当中多数人缺乏对公交和步行之间关系的充分认识，这导致了他们徒劳无功。

除了极少的例外情况，每一次的公交出行都起于步行止于步行。因此，城市的步行性得益于优良的公交系统，但步行性绝对是形成优良公交系统的先决条件。

4.4.1　美国处于什么位置

近年来，美国只有 1.5% 的出行是采用公共交通。[2] 在我们的"明星城市"华盛顿、芝加哥和旧金山中，公交出行比例接近于 5%。不出所料，纽约地区以 9% 的比例居于榜首。但在国外是什么情况呢？多伦多的居住密度大约只有纽约的三分之一，而公交出行比例却高达 14%。在大西洋的对岸，巴塞罗那和罗马的公交出行比例达到了 35%，东京达到了 60%，中国香港则以 73% 的比例全球领先。[3]

但是美国的数据让人产生误解，因为它们是基于测量整个都会地区而得出的，而美国城市蔓延的程度无人能比。聚焦于美国中心城市本身，情况则令人欣慰。华盛顿和旧金山大概有三分之一的人会搭乘公交去上班，纽约市大部分人都会如此。然而，蔓延发展的典型，如杰克逊维尔和纳什维尔，不管用什么方法测量，得到的结果都徘徊在 2% 的水平以下。[4]

这些数据主要取决于每个城市围绕小汽车采取的增长或不增长的策略。在欧洲和东亚国家，缺乏美国那样的财富支撑和原油储备，在整个 20 世纪选择维持并扩大原有的铁路设施，而美国却抛弃了大部分的铁轨。在 1902 年，每个万人以上的美国城市都拥有有轨电车系统。[5]在 20 世纪中叶，每天在洛杉矶运营的电车超过了一千辆。[6] 然而这一切都被一个极大的犯罪预谋摧毁了，其结果不可避免，而过程被完整地记录下来。[1] 我们很轻易就将其怪罪于美国通用汽车公司，而忘记在当时许多城市和市民较于老式的电车而言，更喜欢流线形的公交车。当然，真正的变迁始于私人汽车将我们从对公交系统的依赖之中解放出来，尽管是依靠公共财政的大力资助。我们不再使用火车了，因为我们不想用，而且也没有人说一定要用。戴维·欧文（David Owen）评论道：“在那些日子里，就算有人曾经想试一试，也没有任何一股公众力量能够扭转电车衰亡的局势。”[7]

现在我们开始明白上述选择的真正代价——包括眼睁睁看着我们依赖小汽车解放出来的自由被交通堵塞抵消——大多数美国公民已经准备好迎接新事物的到来。根据美国最佳新闻来源——《洋葱报》（The Onion）[2] 的报道，“98% 的美国通勤者更喜欢选择使用公共交通工具。”这篇虚构的文章描述了由美国公交运输联盟发起的一场倡导使用公交的运动，其口号是：“搭乘公交吧……我会很高兴你这么做。”这一观点非常有远见，因为它指出个人出行方式会影响其他人对出行方式的选择，即“乘数效应”。例如，在旧金山，旅客搭乘火车 1 英里相当于替换了 9 英里的驾车路程。[8] 我还推荐《洋葱报》的视频报道：“厌烦了交通状况？交通运输局（DOT）的一个新报告呼吁司机厌倦了就鸣笛。”

严肃地说，由美国交通联盟资助的一项全国民意调查发现：受访者认为 41% 的交通建设经费应该用于公共交通，而道路设施的建设却只需 37%。另一项纯粹的非意识形态的消费偏好调查中发现，受访者更喜欢使用公交作为解决堵塞的办法，其比例是三比一。[3] 但实际上，近年来的资金分配更倾向于道路建设，道路建设和公共交通的资金投入比为四比一。[9] 由此看来，对财政支出做出重大调整是恰当的。

要是我们的政府像西澳大利亚州政府那样响应公众的意见就好了。有调查显示，将道路资金转移到非机动车交通上获得的支持率很高，所以西澳大利亚州政府大胆地将 5:1 的公路 - 公交投资比反转过来，变成了 1:5。这个举措为新的铁路系统提供了资金，使得铁路客流量

1　这场阴谋在特里·塔米宁（Terry Tamminen）所著的《用好每一加仑》（Lives per Gallon）一书中能找到最佳的总结。据特里讲述，1922 年，通用汽车公司的小阿尔弗雷德·斯隆在面临着通用公司创纪录的亏损的情况下，联手加州标准石油公司、菲利普斯石油公司、凡士通轮胎和橡胶公司还有马克卡车公司，共同创建了一个空壳公司——全国城市干线运输公司，“以便神不知鬼不觉地收购国家的公交运输公司，并弃用它们运营的电车。到那时，全国城市干线运输公司便能用这些阴谋家所制造并供油的公共汽车取代电车。在这个过程中，公共运输服务效率会降低，并向成千上万的消费者销售汽车作为方便的替代品，购买折销的汽车成了更方便的出行选择。”尽管“这个阴谋已经在法庭上定罪……涉案的公司只被罚了 5000 美元，而那些执行官每人只罚了 1 美元，因为法官认为对公交造成的损失已无法挽回”（110-111）。
2　洋葱报是美国一家拥有报纸和网站的新闻机构。以讽刺刊登在网上、报纸上的文章而在读者中有很高的知名度，其创立于 1988 年，总部位于芝加哥。译者注
3　托马斯·哥特（Thomas Gotschi），凯文·米尔斯（Kevin Mills），《美国的人力交通》（Active Transportation for America），P18。巧合的是，调查回应者也建议分拨 22% 的交通运输经费给骑行和步行设施，而两者现在的比例总共只有 1%。

从 20 世纪 90 年代早期的每年 700 万人次跃升至令人震惊的 5 千万人次。[10]自这次转变之后，支持铁路的政治团体在四届州际选举中都获得了胜利。

如果美国政府真的给人们选择的机会，人们会倾向于投资公共交通。2000 年以来，关于公共交通方面的无记名投票，70% 以上都得到通过，为公共交通建设提供了超过 1000 亿美元的资金。[11]"国家房地产经纪人联盟"提到，"轻轨在其通过的社区很受欢迎，投票者也表态如果能够有轻轨，他们非常愿意为建设轻轨多交点税。"[12]

也许这些投票者本能地就明白这些数据所传达的信息，因为良好的公交服务所省下的家庭开销明显超过使用公交服务的开销。维多利亚交通政策协会的托德·利德曼（Todd Litman）在他"请提高我的税率！"的研究中将美国最大的 50 个城市进行了比较，其中 7 个城市被公认是拥有"高品质"公交服务的，其他的 43 个城市公交质量有待改进。他发现，在 7 个拥有高品质公交服务的城市中，居民人均每年在公交上的花费比其他 43 个城市平均多 370 美元左右，但是在开车、停车和路费方面省下了 1040 美元。这只是统计了在产品、服务、税费上可以计算的部分，忽略了和堵车、安全、污染、健康等相关所有方面的收益。[13]

这些数据的启示显而易见：市域范围对综合性公交系统的巨额投资完全能够回本。但这个启示的内涵并不是那么简单，因为这个研究所比较的城市中，除了在公共交通方面有所不同之外，很多方面都存在差异。其研究结果认为，建立一个新公交系统同时也可以期待它能改变城市的其他方面。然而，在迈阿密增设火车并不能把它变成另一个明尼阿波利斯。

4.4.2 傻瓜，关键是社区

其他方面指的是什么呢？主要来说还有当地人口密度和邻里结构。我之所以说当地的人口密度，是因为当一座城市包含了郊区和大面积的绿地时，市域范围的人口密度就很容易误导别人。而问题的关键在于居住在公交沿线的居民人数。关于公交的讨论当然一开始就包括了居住密度这个话题，但是邻里结构直到最近也很少触及。这真是一个巨大的失误。

邻里结构是指是否具有真正意义上的社区，这样的社区是紧凑、多样化并适宜步行的。一个真正意义上的社区拥有一个中心和边界，适宜步行的街道和公共空间构成其基本的空间结构，其间有一系列丰富多彩的活动。传统的城市主要是由这些社区组成的，有时其中还分布着大学和机场之类的区域，以及河流、铁轨之类的廊道。如果你生活在一座较古老的城市，你可能很容易就辨别出社区，比如纽约的西村区、特里贝克地区和苏豪区。[1]

从一万年前第一个非游牧定居点的出现，到汽车时代的巅峰时期，紧凑、多样化和适宜步行的社区一直是城市最基本的组成部分。轨道交通运输使社区结构臻于完善，因为站点之间的距离强化了社区的节点式结构。只是由于汽车的肆虐，加之其具有前所未有的能力使地表景观均质化，导致人们抛弃社区而追随蔓延扩张，形成了广阔的、千篇一律的、不适宜步行的城市景观。而且，由于城市建设是以汽车为中心的，这种扩张不利于公共交通，任何郊区公交部门的管理者都认为，在蔓延的城市中运营公共汽车只会是一个"两败俱伤"的方案，即使有充足的资金补贴，也不能提供周到的服务。

就算在高人口密度的地区，缺乏邻里结构，公共交通运输也兴盛不起来，因为只有社区的节点结构和适宜步行的特质才能促使人们步行到达车站。因此，最适合发展新公共交通系统的是那些一开始就以火车为导向而发展起来的城市。

北弗吉尼亚州就恰是如此。在北弗吉尼亚州，地铁的西部橘线（Orange Line）的延长线穿越了原本围绕有轨电车发展的地区。无论怎么说，这项投资算是成功的。实际上，在过去的十年里，阿灵顿县增长的人口中，整整 70% 分布在全县不到 6% 的区域里，即靠近五个橘色路线地铁站的人口调查区。如今在这些人口调查区中，40% 的居民都会搭乘公交去上班。[14]

4.4.3　别跟达拉斯一样

按照上述逻辑，立特曼的研究报告中的许多拥有低品质公交系统的城市纯粹是在浪费资金。达拉斯就是一个颇值得反思的例子。1983 年，达拉斯地区十五个城市的居民投票决定征收 1% 的消费税，用来建造现今美国最大的轻轨系统。目前，这个耗资几十亿美元的轻轨交通系统包括 72 英里的轨道，到 2013 年将会扩展到 91 英里，并建设 63 个车站。[15]该轻轨于 1996 年开始投入使用，当时全长只有 11 英里，连接市中心和附近的社区。轻轨系统建成不到四年，搭乘公共交通工具的人数（在此之前是搭乘公交车）惊人地下降了 8%，低于 1990 年水平。[16]

整个 21 世纪，达拉斯地区的捷运系统还不断完善，公共交通客流量却持续下降。[17]投入几十亿美元后，尽管汽油价格不断上升，但达拉斯居民中开车上班的比例却比过去 25 年任何时候都要高。

1　本段及下一段所展开的讨论也是安杜勒斯·杜安尼、伊丽莎白·普拉特 - 兹伊贝克和杰夫·斯佩克所著的《郊区国家》中讨论的一个主要问题，该书记载了更详尽的细节讨论。

但这也并不是说捷运系统没有产生效益。根据 2007 年北得克萨斯大学的一份报告，捷运系统站点周围新开发区的投入超过 40 亿美元。虽然目前这种增长与城市经济一起陷入停滞，但仍有望继续下去。此外，北得克萨斯大学的研究发现，铁路站点附近房地产升值较大都会其他地区多 40%。[18] 这些数字令人震撼，但并没能体现出建设轻轨的初始动机——减少高速公路的交通拥堵，也没能表明经济增长最终会支付捷运系统的投入。

捷运系统还带来其他好处吗？极有可能的是，捷运系统站点周边的增长，即使在没有捷运系统时，也会出现在别的地方。于是，人们就质疑捷运系统是否真的促进了经济的发展。如果是这样，经济增长很可能在空间上较分散，而且离市中心较远。捷运系统保护了得州的一些绿地，也节省了汽油。但让人费解的是，所有这些新的以公交为主导的土地开发并没有增加人们乘坐公交出行的比例。连我这个对公交痴迷的人有时也不得不认为达拉斯的捷运系统完全是失败的。

这就引出了一个问题：达拉斯究竟做错了什么呢？我们找到约纳·费玛克（Yonah Freemark）以寻求答案。约纳·费玛克是"交通政治"博客有远见的博主，博客上有如今公共交通方面最全面的信息。我谨此转述他的回答，"各个方面都有缺陷"，其中包括：缺乏足够的居住密度；鼓励市中心建设充足的停车位；铁路选线在成本最低而不是在最繁忙地段；将站点定在高速公路旁边并提供大量停车设施；为扩大服务范围而牺牲服务频率。最后一点是忽略了附近的社区。约纳·费玛克表示，"总之，如果想要人们住进公寓，公寓所在的社区必须是功能齐备，适宜步行，并容易到达轻轨站"。[19]

所有这些都是导致达拉斯失败的原因，后文将对其中一些因素做出详细解释，但是约纳·费玛克最后指出的那一点才触及问题的关键。明显事实是达拉斯及其郊区完全没有邻里结构。因此，人们从地铁上出来后可以到哪里呢？步行到任何目的地的希望都非常渺茫。可想而知，处于远郊的轨道站点，停车换乘轻轨就成了常态，但停车换乘也只能在出发点与目的地都不需要驾车的情况下才行得通。1 在达拉斯市中心，只有少数几个捷运系统站点可以提供像样的步行环境，但是步行体验也持续不了多长时间，因为达拉斯市中心几乎没有真正适宜步行的环境。简单地说，达拉斯市区大部分地方是超宽的街道、高速的车流、光秃秃的人行道、毫无装饰的街道立面和停车场。跟许多美国的市中心一样，达拉斯在汽车时代到来之前就存在，并按当时的理念进行规划，但是这座城市围绕着机动车的需求做了太多改变，

---

1 除非有惩罚措施，否则开车上下班的人不愿意转变出行方式。这样看来，停车换乘只会在开车到市中心费时又费钱的城市才会兴起（杜安尼，普拉特姬布和斯佩克，《郊区国家》，138-139）。

以至于行人看起来更像是寄生虫，附属于城市中占据优势的物种。

由于路线两端都没有适宜步行的环境，很难指望达拉斯捷运系统改变人们的驾驶习惯。但是，正如聪明的读者在"第一步"中所能推断的，没有什么能够减少达拉斯的机动车出行量，公共交通系统做不到，适宜步行性做不到，社区也做不到。德克萨斯州的司机会继续驾驶汽车满大街跑。如果美国最大的轻轨系统能让这 6 万名（目前统计值）驾车者不再驶上公路，就还会再有 6 万多驾车者拥至公路去填补空缺。因为在达拉斯，停车场随处可见，而且收费便宜。[1] 可能唯一能有效阻止人们驾驶小汽车的只有交通拥堵了，而缓解拥堵又正好是建设捷运系统的目的。

以下这部分信息是轨道支持者们不想让你知道的：投资公共交通可能就是投资于机动性和房地产，投资的目的不是减少交通量。[2] 减少交通量的唯一途径是减少道路或者提高道路的使用成本，但几乎没有哪个支持公共交通的城市愿意吞下这剂苦口良药。假如市领导坚持让开车像往常一样既便宜又方便，那么像达拉斯捷运系统就难以吸引足够的乘客。如果自己开车可以快捷地到达目的地，停车收费也不贵（每小时停车也只需 1 美金），我们为什么还会选择轻轨呢？

那么，达拉斯怎样才能从这个投资几十亿美金的捷运系统中获益呢？答案既有简单的，也有复杂的。简单的答案就是充分利用当前已有道路，通过高速公路拥堵收费实现高速公路的最大效益，并借助拥堵收费的丰厚收益来实现免费公交并缩短候车时间。但这不现实。所以，我们来看复杂的答案。

我们已经解释了一个大都会区为有效利用公交系统必须根据该公交系统来调整自己。对达拉斯来说，这并不太迟。这座城市以及其周边的居民点必须负担更大的努力将增长集中于捷运系统的站点，并制定方案将每个站点打造成适宜步行的社区。[3] 尤其要将工作重心放在城市中心的站点上，在高居住密度的地区中建设真正的适宜步行地带。必须取消所有站点附近地块的停车配建要求，严禁在接近市中心站点的地方新建停车场。然后就要等待……等汽油价格上涨至每加仑 10 美元。

1　这里没有根据舒普的理论来定价：达拉斯停车场的过度建设使得停车很便宜———一般都是每小时 1 美元，实际上反映了市场的价格。

2　这个结论得到了多伦多大学的吉莱·杜兰顿（Gilles Duranton）和马修·特纳（Matthew Turner）的支持，他们发表了"交通拥堵基本法则：从美国城市中寻找证据"（The Fundamental Law of Road Congestion: Evidence from U.S.Cities）的文章，他们发现"增加公共交通并不是治理交通拥堵的合理政策"（34）。

3　约纳·费玛克，《达拉斯新增的轻轨，使其成为美国最长的轻轨线》（An Extensive Now Addition to Dallas' Light Rail Make's It Americas Longest）。有些新的轻轨站点地区是高密度开发的，却没有一个是适宜步行的社区。绝大多数像常见的边缘城市那样，只是塔楼和停车场的堆砌，根本看不到街道。

正如我们在纽约所看到的，汽油价格的上升可以快速取得拥堵收费所实现不了的效果。无论在美国的哪座城市，开车成本迟早有一天都会变得非常昂贵，特别是像达拉斯这样的城市。当这样事情发生时，依然保持竞争力的必定是那些拥有完备的公交网络并且据此建设高密度社区的城市。突然之间，收取 1% 的消费税看来也并非高的不可接受。但是如果没有这样的高密度社区——比如达拉斯直到现在也没有，公共交通建设是没意义的。

4.4.4　另一种交通方式

只有庞大快捷的交通系统才有可能从根本上改变城市。但这并不意味着较小的交通系统就没有建设的价值。较小的交通系统发挥作用的方式是如下两种之一，即节点功能，把若干个适宜步行的区域连接起来；或者是线状功能，强化和延长可步行的走廊。

就节点功能而言，比如连接科罗拉多州特柳莱德镇和特柳莱德山村的平底船，既可以非常有效地减少车流，也可改善可步行环境。你会问："什么？平底船？"是的，一条平底船一年可以搭载 200 多万乘客，大约相当于整个达拉斯系统运量的十分之一，[20] 而乘坐平底船的花费只是乘坐当地公交的五分之一。乘客中有很多是穿着漂亮的雪地靴的游客，但大部分是低收入的工人。像这样的小型节点公交系统可能是最容易实现的，只需要将城市生活区的站点相连，设置频繁的班次和快捷的路径。在超越地理障碍时，这种系统也同样有效，诸如匹兹堡著名的迪凯纳和莫农加希拉缆车线。莫农加希拉缆车对连接不同的城市发挥了非常好的作用。这些系统并不需要特别的交通工具。有时，只需要连接大学和市中心的穿梭巴士就可以了。

更常见的是线性走廊系统，又名有轨电车。与传统的轻轨系统不同，有轨电车速度较慢，站点更密；按照帮助波特兰建设现代有轨电车的查利·黑尔斯（Charlie Hales）的话来说，它不是快速公交系统而是"行人的加速器"。如果做得恰当的话，它们同样是"场所感的营造者"（place makers），换句话说是"土地增值工具"。黑尔斯提醒我们，美国大部分老旧的有轨电车路线对要出售物业的地产发展商来说只是创造短期价值的卖点。[21] 有轨电车会带动其周边物业升值，考虑新建有轨电车路线的城市对其要进行深入的研究。

而这似乎成为当前每个人都要关注的问题。在我为之工作的城市中，没有那一个在过去几年里不曾作过一些关于有轨电车的研究。这些研究的结果大体上都支持有轨电车，其原因与支持道路建设者会得出"道路扩张将产生积极影响"这种研究结果一样，但这些研究结果都需要用一个简单的问题来补充或取代："你为什么需要它？"

这个问题很少被提及，典型的回答包括"我们想增强城市的步行性"、"我们要主干道充满生气"、"我们希望人们放弃小汽车",还有我最喜爱的回答"我们想像波特兰一样"。这些都是不恰当的回答,原因在于:有轨电车从未使空荡荡的人行道挤满行人,所以查利·黑尔斯才谨慎地将它称为"行人加速器"而不是"行人创造器"。若说有什么区别的话,反过来说就对了:是大量的行人活动才使得有轨电车有成功的潜力。在一些像孟菲斯、坦帕市和小岩城这样的城市,有轨电车在 1993 年至 2004 年间投入使用,但并没能给空旷的主干道增添多少行人,乘客数量微不足道。孟菲斯算得上是这几个城市中的佼佼者了,但吸引的客流密度也只有每日每英里 343 名,是波特兰的八分之一,波士顿绿线(Green Line)的十二分之一。[22]

这些小型的公交系统——"艺术空间"(ArtPlace)的首席执行官卡罗尔·科莱塔(Carol Coletta)称之为"玩具公交"(toy transit),均没有与大的铁路网络连接,未能提供区域交通服务从而促使人们放弃小汽车出行。波特兰的有轨电车路线大概是孟菲斯有轨电车路线(七英里长)的一半,但它却连接了 53 英里长的 MAX 轻轨系统。重要的是,波特兰在制定有轨电车规划的同时,也制订了与其相配套的"一系列策略和政策,包括更高的居住密度,以社区为本的城市设计,淘汰最低停车要求,以及其他从根本上改善步行环境的所有方法"[1],黑尔斯说,"不可能只是建一条有轨电车那么简单"。

4.4.5 有轨电车的作用

那么为什么城市需要有轨电车呢?波特兰的成功告诉我们,当从大片空地或未充分开发的地区到适宜步行的市中心超出步行范围时,有轨电车将会发挥最大的作用。在这种情况下,有轨电车的出现可能预示着将这些地区与市中心以从未有过的方式连接在一起,即促进其开发。在波特兰,城市和开发商都公认市中心北部的霍伊特铁路场(Hoyt Rail Yards)是这样的区域。他们准备了一套设计方案,包括有轨电车规划和社区规划,将分区提高了 8 个等级以建设公园、经济适用房和取消高速路匝道。新的有轨电车于 2001 年开通,总成本为 5450 万美元。[23]

从那时起,多达 35 亿美金的投资涌入有轨电车沿线的建设中,这个投资相当于初始投资额的 64 倍。根据布鲁金斯研究所的报告,与整个市场的升值平均水平 34% 相比(城市产值平均增加值),有轨电车沿线房地产价格的上升幅度最低 44%,最高甚至超过了 400%。同时,几千人的涌入也使街道生活发生了根本性变化。布鲁金斯研究所的报告指出,"轨道沿

---

1 查利·黑尔斯在 2011 年 10 月 18 日的"螺旋轨道"(Rail-Volution)上所发表的。"政策集群"包括波特兰著名的城市发展边界,这满足了房地产市场发展的潜在需求。

线的主要零售点，鲍威尔书店前的行人从每小时 3 个增加到超过 933 个"。[24]

波特兰将有轨电车作为增加城市活力的手段取得了成功，因为它首先是促进社区开发的工具。之所以这样有两个重要的原因。第一，没有大规模房地产开发的市场前景，推动有轨电车的发展是错误的；第二，这种市场机遇吸引了私营团体的参与，由于投资轨道交通能获得丰厚的回报，所以他们愿意支付相应的建设费用。

西雅图连接南湖联合区地块和市中心的有轨电车建设正是这样的情形。由微软的共同创办人保罗·艾伦(Paul Allen)所领导的土地所有者承担了该线路 5200 万美元造价一半的费用，另外三分之一的资金来自联邦和州政府。这样一来就只剩下 850 万美金的资金缺口。西雅图则通过售卖沿线剩余的房产筹到了这部分资金 [25]。电车开通后仅 5 年时间，乘客数量就达到了坦帕市的四倍，[26] 这在一定程度上要归功于亚马逊公司和比尔与梅琳达·盖茨夫妇基金会的搬迁。在电车系统的规划和建设期间，沿线房产的增值幅度是城市平均增值水平的两倍多 [27]，给私人投资者带来了丰厚的回报。

波特兰和西雅图的经验可能会使其他城市感到羞愧。确实，并非每个城市都有巨大的房产需求或者亚马逊公司。但是，即使孟菲斯、坦帕和小岩城的有轨电车系统效果不尽人意，但也产生了积极的效果，沿线所吸引的投资是有轨电车的 17 倍。[28] 用有轨电车系统建设带来的税收支撑未来有轨电车的建设是个不错的办法，但其并没有实现大多数城市建设有轨电车的初衷——给市中心带来活力。有轨电车的主要作用不是增加市中心的活力，而是为新区创造开发的契机。[29] 因为有轨电车激活的重点不是市中心，而是待开发的新区。只有当成千上万的人进入原本开发不充分的地区，市中心才会连带受益。

实际上，深入研究坦帕可能会发现其有轨电车具有负面效果。原先的工业区修建有轨电车后地价飙升，但已有社区却没有获益。易博城是坦帕最适宜步行的地区，其物业价值的升幅却比周边低 24% ~ 36%。[30] 这给我们的教训是，除非将有轨电车整合到一个强大的市域公交网络中，否则其充其量也就是一个创造城市新区的工具，而不一定会像有轨电车的支持者所说的那样是增加机动性和城市活力的利器。当然，如果你可以找到资助人，那么无论如何都要建设有轨电车。

4.4.6 适用于驾驶者的公交运输系统

大多数美国人并非生活在公共交通系统完善的大城市里，而是生活在公共交通境况迥然不同的较小的城市中。在大部分美国城市里，大家依然开车，道路不拥堵，停车也便宜。在这些城市中，公共交通充当什么角色？确切地说，在开车如此便利的情形下如何创建公共交通与步行文化？

这几乎是不可能的。在这些城市中，公共交通注定就是"失败者的座驾"，那些没有其他选择的人才会选择公交出行，比如老年人、穷人和身体虚弱者。因此，公共交通就像其他社会服务一样，资金缺乏保障，经营步履维艰。

公共交通要想得到广泛使用，就必须坚决改变观念把公交看成便利设施，而非仅仅扮演救援车的角色。更准确地说，在保留某些救援路线——比如从老年家庭到健康中心的路线的同时，公共交通要把重点放在那些可以提供良好驾驶体验的稀缺线路。这些线路应该用来提供更高层次的服务，当然，必须满足一些条件，才能提供这样的服务。如今很多城市的公共交通却缺乏这些条件：即城市性、明确性、服务频率和愉悦性。

城市性，意味着将所有重要的公交站点设在市民活动的中心，而不是设在一个街区以外的地方，更不应该设在穿过停车场的地区。这就是公共汽车站或火车站感到最困扰的"最后100米"的问题。应该创造条件使乘客能从咖啡店的凳子上起身就可以上到公交车。[31] 如果公交车的尺寸不能这样做，那就换一部尺寸较小的车。如果公交路线两端没有形成真正适宜步行的环境，那么这种公交系统便是没有希望的。

明确性，意味着一条简单的直线或环线式公交路线，尽可能不要绕道行驶。这不仅能提高出行效率，减少麻烦，还可以让乘客在心理上对路线有个预判，对于提高乘客搭乘公交的舒适感很重要。有时，当我在陌生城市第一次乘坐公交时，我就会想起在意大利的佛罗伦萨遇见的为期一天的公共汽车罢工事件：司机会上班，但一旦乘客上车，司机就把公交车开到任意一个他们自己想去的地方，而不是乘客要去的地方。我们从这个罢工事件中明白了明确性的意义。

服务频率，大部分公交在这一点上都做的不好。就像讨厌等待一样，人们也讨厌看时刻表，所以十分钟一班是任何公交线吸引顾客的最低标准。如果这样的服务频率不能够吸引足够的人乘坐公共汽车，那就换一辆商务车。借助 GPS 在站点设置显示到站时间的指示牌（和利用智能手机应用程序）也非常关键，尤其对下班后的时段而言。下班时段如何定义可视不同的情况而确定。因为下班后人们会根据具体情况考虑是否乘坐公交车。但如果要保持公交一直都受欢迎，整个晚上，公交服务的间隔都要缩短。言下之意，要么提供班次频繁的公交，要么干脆不提供服务。因为乘客量有限而限制公交车班次频率只能导致恶性循环，很少有公交路线能在这种情况下生存。

愉悦性，是最容易被交通官员所忽略的问题，但却是很多人希望实现的。正如达林·诺达尔（Darrin Nordahl）在《我喜爱的公共交通》（My Kind of Transit）一书中提出的令人信服的观点那样，公共交通是"公共空间的移动形式"，[32] 能给我们的出行带来许多好处。当我第一次读诺达尔的著作时，我认为这个观点是一种情感的表达，而并不想接受它。随后我想起来自己的婚姻就是源于乘坐火车。富有社交气息的、有趣的、愉快的体验对交通设计意味着什么呢？要设计面对面的座椅，而不是对着别人的后脑勺。像圣迭戈一样，安装宽阔、开敞的透明窗户，甚至像圣地亚哥一样，连玻璃都没有。对了，还有无线上网和新颖的车辆，比如双层巴士，既能够增加公交的容量和魅力，同时也能减小转弯半径。[33]

简而言之，有吸引力的交通取决于硬、软两个方面的基本特质。硬的方面指不浪费人们的时间，软的方面指让人们心情愉快。如果能做到二者兼备，就可以使人们放弃小汽车。

4.4.7　火车和公共汽车的比较

如果你追求效率和快乐，那么铁路比公共汽车更适合你。火车的通道畅通无阻，速度更快，通常比烧柴油的公交车可爱多了。跟一辆精致的有轨电车相比，即使是最先进的零排放汽车行驶在道路上，也令人生畏。这就是为什么火车的花费更高。

真是这样吗？哈特福德正在建设每英里造价超过 6000 万美元的快速公交（BRT）系统，[34] 这几乎是美国一般轻轨项目成本的两倍。[1] 但是哈特福德是个例外，证明并指出了有时候为 BRT 投入巨资是恰当的，这意味着给 BRT 公交车提供像火车一样的专用道路。我不知道哈特福德出了什么问题，因为典型的 BRT 成本只需要轻轨的一半，每英里大约只需要 1500 万美元。[35]

由于成本低廉吸引了很多城市建设 BRT。如果操作得当，快速公交的确是替代区域轻轨的合理选择。只是不要忘记"R"（快速）的含义。真正的 BRT 系统，不仅包括独立的轨道，还包括交叉口的信号优先，与高于地面的付费区相应的水平登降，10 分钟的发车间隔，以及 GPS 定位候车报时器。如果你不能满足这些要求中的大部分，就不能冠以"快速"之称。俄勒冈州为备受欢迎的尤金－斯普林菲尔德的快速公交系统进行了景观美化，不仅在 BRT 站点，还在整条路线都布置了艺术品。

BRT 的拥护者经常引用这些表面投资去回应他人对公交系统最核心的批评——即 BRT 在永久性方面不如轨道交通：如果公交系统有可能被撤掉的话，你怎么以公交为卖点去吸引地产投资？当然，我们已知道在美国有轨电车也终将离去，但是 BRT 还要走一段很长的路才能实现铁路所具备的那种永久性。这还只是其中一部分的批评，另一部分很少被提起，即

1　《今日轻轨》（Light Rail Now），"美国北部轻轨项目的状态"，2002。不包括西雅图的特殊系统，这些项目的平均造价为每英里接近 3500 万美元。

如果要 BRT 基础设施看上去更耐久，那么它看上去就越丑。BRT 系统的车辆和 BRT 相关的建筑总是不能给身体感受敏感的乘客带来舒适感。诚然，就波哥达的行人而言，其 BRT 是成功的……但有多少美国人想成为波哥达的行人呢？

在这场争辩中，除了达林·诺达尔，似乎人人都忘记了讨人喜欢的有轨电车表现得多么优秀。而且它们的服务年限是巴士的两倍。和巴士不同的是，旧的有轨电车通常比新的还要好看。巴士可能服务年限达 20 年，但是实际上 10 年后，地方政府就开始发现这些巴士难以运营下去。因为它们不仅是"公共空间的移动形式"，也是公共空间的一部分。城市在对比火车和巴士时需要特别权衡这一事实。话虽如此，但并不是所有的 BRT 系统都是无用的。最受全国瞩目的可能要数博尔德的廉价交通网络了。它在许多重要的方面都体现出常规交通的智慧。公交系统每一条线路的命名都经过精心的考量且有专有的颜色，包括 HOP，SKIP，JUMP。这个城市实现了"自由呼吸，驾驶为辅"的生活方式。尽管自 1994 年来新增 1 万居民及 1.2 万个新就业岗位，该市总的行车里程实现了零增长。该交通体系的成功很大程度上得益于巧妙的市场营销手段，比如家庭购买 120 美元的环保通行证就可以让所有家庭成员免费乘坐一年，并在当地商店、餐馆和酒吧享受特别优惠。其结果是衍生出完整的环保通行证文化，而开车则一点都不酷了。

最后，许多基于错误的原因而考虑将有轨电车作为标配的城市有可能转变想法，像查塔努加和圣迭戈那样，购买小型电动穿梭巴士来提升城市的生活品质。这种穿梭巴士不需要轨道，但它们起到了繁华廊道行人加速器的作用。而且每一辆巴士的成本比最便宜的法拉利还要便宜。[1] 穿梭巴士虽然从技术上说是公交车，但它的外型很可爱，为未来作为公共交通核心的轨道交通的发展作了有效的铺垫。

4.4.8　尽量租车

每个城市都想引进 Zipcar 公司（美国网上租车公司）。Zipcar 公司是否愿意回到城市呢？大概不会。所以各个城市用尽办法，例如请他们共进晚餐，给他们提供城市优惠政策，满足他们通常提出的所有优惠条件，包括在区位最好的地段提供尽可能多的专用停车位。但要知道，除非城市已不再以小汽车出行占主导，否则这个看似鼓励使用小汽车的企业根本无法在城市里茁壮成长。因为如果每个人都有一辆车，就没人需要租车。如果您所在城市的格局仍然将日常开车出行作为市民生活的先决条件，那么这座城市就不具备汽车共享的条件。

1　查塔努加市的成本在每辆 16 万美元到 18 万美元之间。

有人担心，汽车共享可能会破坏公共交通，包括出租车、步行或者骑自行车，但事实正好相反。只有在具有良好的公交、出租车、步行和自行车出行条件等不依赖小汽车的城市中，汽车共享才可以兴旺。也只有在这样的城市里，汽车共享会使人们像我一样跨越放弃小汽车的临界点。有一个很好的测试方法：进入市区，伸出手，看看有出租车停下来吗？如果有，城市便可能已具备汽车共享条件了。

去租车吧，因为好处非常多。Zipcar 巴尔的摩分公司在运营一年后对会员进行了问卷调查，发现与他们成为会员之前相比，步行比例提高了 21%，骑车比例提高了 14%，搭乘公交的比例提高了 11%。与还未加入会员时高达 38% 的比例相比，调查前一个月自驾出游 5 次以上的会员仅占 12%。大约五分之一的会员卖掉了他们的汽车，几乎有一半的会员认为有了 Zipcar 就没必要买车了。[36] Zipcar 要面对的唯一挑战就是难以在不适宜步行的城市里发展。

第五章 实现步行的安全

5.1　保护行人

　　规模问题；转弯道设置不当；车道过宽；保持街道的复杂性；安全至上；单行道泛滥成灾；令人担惊受怕的人行道；毫无意义的信号灯

　　行人会幸运地一直存在下去吗？或者更准确地说，如何让潜在的行人感受足够的安全不会被汽车伤害，从而选择步行？

　　这显然是建设步行城市要讨论的核心问题。尽管建设步行城市的其他做法都很明确，但对于行人安全的讨论仍有不足。这项措施是非常必要的，但也经常被城市的建设者搞砸。这是因为城市建设者对行人缺乏关注，并且对于从根本上解决街道安全问题存在误解。对行人缺乏关注是由政治因素引起的，可以通过公众的参与来解决；对街道安全的误解是技术因素引起的，可以通过修正行业的规范来解决。

5.1.1　规模问题

　　城市规划专家艾伦·雅各布斯（与简·雅各布斯没有关系）在他的著作《伟大的街道》（Great Streets）中展示了四十多个世界闻名城市的一平方英里的街道地图。地图中以白色表示街道，以黑色表示街区，这种鲜明的对比色让我们清楚地看出全球最适宜步行和不适宜步行的城市的布局差异。这些图纸所传达的信息是显而易见的，特别是对有过舒适或不悦体验的前提下。其中最明显的信息是关于街区的规模。

　　通常来说，有着最小街区的城市会因适宜步行而闻名，而那些有着最大街区的城市是以没有街道生活而著称——如果这也是名望的话。波士顿中心区和下曼哈顿区工业革命以前的街坊与欧洲对应的城市街坊一样，街区的平均长度小于 200（约 61 米）英尺（和中世纪时古怪的街道布局差不多）。最适宜步行的路网，如费城和旧金山，其街区平均长度小于 400 英尺（约 122 米）。而在没有步行区的城市，如加州的尔湾市，很多街区长达一千英尺长（约 305 米），甚至更长。

　　当然也有例外，柏林大部分地区都是大得惊人的街区。但实际上是地图说了谎，因为很多街区都布满内通道和庭院，共同构成了一个隐藏的行人生活网络。洛杉矶的街道与巴塞罗那相比大不了多少，但巴塞罗那的街道并不是为高速驾驶而设计的。洛杉矶的经验表明，使小街区城市不适宜步行是有可能的，而大量论据表明，使拥有大街区的城市变得适宜步行简直比登天还难。

　　记得我第一次去拉斯维加斯时，除了拉斯维加斯大道和老的中心大街外（弗蒙特大街），其他地方并没有行人。我驾驶着租来的福特野马进城，在赫兹租车公司提供的地图上查找去往酒店的路线。那时，租车公司的地图只显示城市的主干道，而省略了主干道之间精度更细的路网。而当我踏入这个城市之后，我才惊讶地发现它实际上并没有更密的路网：看似简化了的租车地图所显示的正是这个城市的全部路网。这个案例可以解释很多东西。

为什么小街区能令一个城市变得更好？这里有两个主要的原因。第一个原因跟安全关系不大，而是跟出行的便利性关系更大：假如每平方英里中有更多街区，行人的目的地就有更多的选择，而到达目的地的路径、比如去咖啡厅或干洗店，也有更多的选择。这些多样的选择不仅能让步行变得更有趣，还能缩短与目的地之间的距离。

第二个原因更加重要，大的街区意味着少而宽的街道。假设拥有基本相同的交通流量，城市的街区扩大两倍，每条街道的车道数也要增加两倍。例如，在波特兰中心区的典型街道中，边长 200 英尺的街区中有两条车行道。[1] 而在盐湖城中心区，边长 600 英尺的街区则有六条车行道。[2] 很明显，六车道的街道比两车道的街道更危险。

这一课题权威性的研究是由康涅狄格大学的韦斯利·马歇尔（Wesley Marshall）和诺曼·加里克（Norman Garrick）在比较了加利福尼亚州 24 个中等规模城市的数据后完成的。他们调查了过去 9 年间发生的超过 130,000 起交通事故，并据此将研究的城市划分为 12 个安全的城市和 12 个不安全的城市。在这两组城市中，他们发现没有哪个变量能够像街区规模那样能准确地预示伤亡率。在 12 个安全的城市中，街区的平均面积是 18 英亩，在不安全城市中，街区的平均面积是 34 英亩。总之，街区面积增加一倍，则交通死亡数量增加两倍。[1]

大街区多车道的街道系统不仅使得行人难以穿过马路，还使得汽车轻而易举地超速。就此而言，最明显的差别在于单个车道和两车道。无论行驶方向如何，两车道的另一条道路提供了超车的机会，从而使司机会陷入一种"马路竞赛"式的驾驶状态。无论你行驶在哪个车道，都会觉得在另一个车道上可以行驶得更快。[2] 建一条非常适于步行的多车道林荫大道是可行的（想一下巴黎），但几乎没有大街区城市能有买那么多树的预算和意愿。不过，即使是香丽舍大道，要横穿它也是一个噩梦。

1　波特兰的细精度网格中，每平方英里有 600 个标志性的十字路口。9 个典型的波特兰街区大小差不多相当于 1 个典型的盐湖城街区。由于一系列有趣的原因，街区面积与街道宽度并不精确。波特兰街区整体的建筑高度通常比盐湖城的高，但这个因素在一定程度上被大街区城市的恶性循环抵消掉，大街区城市中的机动车环境使得本来打算步行的人驾车出行。

2　盐湖城的每条街道是典型的 132 英尺宽，这是由于伯翰·杨（Brighan Young）的规定：街道应当足够宽以便让货车顺利转弯 [马克·哈多克（Mark Haddock）《盐湖城过去 150 年间的大变化》（Salt Lake Streets Have Seen Many Changes over Past 150 Years）]，132 英尺的宽度包含了人行道，但也为多车道留下空间。

多车道街道对驾驶者来说也要危险得多，因为会发生"死于好心"事件。其意思是当一个司机发出左转的信号时，相邻车道上迎面驶来的汽车将会减速让行。当左转车越过中心线后，由于远处车道上迎面超速行驶的车辆，被善意让行的车辆遮挡了视线，其很有可能呈T字型撞上左转车。

好消息是，四车道街道的低效率性和它的致命性有得一拼，因为快车道同时也是左转车道，保持速度意味着要不断争夺车道。由于这种驾驶导致低效率，全国许多城市发现引入"道路瘦身"的做法会得到大多市民的拥护。在道路瘦身中，标准的四车道改为三车道：每个方向上各留一条车道，中间的车道用来左转。

道路瘦身的卓越之处并不在于拯救生命（这是顺理成章的事）而是保持道路的行车效率。举个典型的例子，奥兰多市的滨水快车道交通事故的数量降低了34%，而且发生车祸车较低，受伤人数也随之降低了68%：受伤频率则从每9天一人减少到每月一人。其卓越之处在于，它并没有降低街道的交通承载力。由于提供了一条左转专用车道从而保证了固有的效率，道路瘦身不会降低街道的交通容量。AECOM工程公司对其实施的17个不同的道路瘦身项目分析比较后发现，其中只有两条道路降低了交通承载力，5条道路维持原状，10条道路在改建后交通容量反而增加。

这些数据是重要的，因为大多数道路瘦身的反对者特别担心这种做法会加剧道路的堵塞。在20世纪80年代，宾夕法尼亚州利斯文顿市中95%的居民反对宾州交通运输局具有创新精神的工程师提出的道路瘦身方案，因为居民们担心这会增加通行时间。但宾州交通运输局不顾居民们的反对，坚持实施这个方案（这是交通运输局的一贯做法）。方案实施后，不但通行用时没有改变，而且交通事故数量几乎降为零。[3]

宾州的案例和其他数十个城市的案例为美国几乎每一个城市展示了一个很好的改善自身的机会。将来，每个拥有四车道道路的市中心区都将会受益于道路瘦身。值得高兴的是，道路瘦身减少的车道数将腾出10~12英尺的空间。这些空间可以用来扩宽人行道植树和建造缺失的停车道，或者在繁忙地区将平行式停车位改为斜列式停车位。目前，大多数城市的四车道道路系统都已经布置了人行道、绿化带和停车带，因此，腾出来的这些机动车道通常被重新设置为两条宽敞的自行车道，这将使街道更加人性化。另外，这样的解决方法还能节省重新建设路牙的花费。[1]

---

1 这种道路瘦身很强有力的例子就是旧金山的 Valencia 大街，1999年，这条大街从四车道改为三车道，增加了两条宽敞的自行车道。因此，通勤时间骑自行车的人数从每小时88个上升到215个 [迈克尔·兰金 (Michael Rankin)，在"智能增长的新合作伙伴"上的发言，2007年2月10日]。

5.1.2　转弯道设置不当

到目前为止我都是说的转弯车道的好处，但是接下来，我将讨论它的坏处。抛开道路瘦身来说，左转车道对美国许多城市的中心区的破坏实在太大。为什么呢？因为在不需要左转的地方设置了左转车道，或者左转车道的长度远远超出需要，工程部门已经导致很多主干道变得太宽。

如果只是超出十英尺，那么也算不上大问题。主要问题是这十英尺的车道曾经是停车道。宾夕法尼亚州的伯利恒市就出现了这种情况，曾经繁华的怀恩多特街不幸也是州378 公路的一部分。在这里，正是那些实施了利斯文顿市道路瘦身措施的开明的交通运输局工程师们认为两车道的道路需要一条中央转弯车道。于是他们推掉了一个街区一整边的平行停车位来达到目的。失去了这些为顾客提供便利的停车位，导致怀恩多特街沿街的商铺纷纷倒闭或濒临倒闭，仍在营业的商铺也不能支撑多久。造成这种失败的原因是：交通运输局所设计的 400 英尺长的转弯车道原本足够停放 24 辆汽车，现在只能服务于小之路边的 11 户人家。

这是公路工程界刚愎自用所带来的最大浪费……然而，它是否只是一桩孤立事件呢？大多数的美国市中心区建设了不必要的或者过长的左转车道，不仅减少了停车位，扩宽了街道，增加了车辆通行速度，还降低了行人的步行体验。虽然大多数的转弯道如果没有对车流产生影响就不会被淘汰，但大多数左转车道是可以缩短的。相对于大多数城市武断地建设有一街区长的巨大转弯道而言，牺牲转角处三个停车位去建设有三个车身长的转弯车道是巨大的进步。

5.1.3　车道过宽

我们通常认为行人安全受到的最大威胁是罪犯，但事实并非如此，飞速行驶的机动车才是罪魁祸首。然而大多数的道路工程师仍以安全为名，不断地重新设计城市的街道以便于汽车高速行驶。这种做法造成的后果让人大跌眼镜：工程师设计的道路设计车速远高于规定的限速，这样一来，司机即使超速行驶却依然安全无忧。由此恰恰引发了其希望避免的超速驾驶。

即使是在我曾经待过的以适宜步行而出名迈阿密南海滩社区，也难免受这种思维影响。如果你看过翻拍的《虚凤假凰》(La Cage aux Folles)，你会记得艾斯帕诺拉大街的热闹街景，罗宾·威廉姆斯在那为他的伴侣买了一个生日蛋糕。沿着这条街往西走两个街区，你会发现本来就很狭窄的人行道有一半的空间被用来扩宽原本运行良好的马路。为什么呢？因为道路建设的标准改变了——从适宜步行变为不适宜了。

对于美国街道标准这种悄无声息的扩张，我从没听到过一个合理的解释。我唯一所知道的就是这种扩张千真万确而且深深地影响了城市规划师每天的工作。在20世纪90年代末，我参与亚拉巴马州伯明翰市外模仿该市战前最成功社区进行开发的月桂山新镇的设计。我们测量了霍姆伍德、芒廷布鲁克以及其他街区中最好的街道，然后以同样的尺寸规划我们的主要街道。然后被告知这样的街道设计与标准不符，我们的工程公司担心承担法律责任，因此不愿在设计图纸上盖章。

记得在一个特别的下午，我们说服当地工程师和我们坐敞篷车去参观这些极好的战前社区。也许预感到我们的担忧，当我们绕着芒廷布鲁克里狭窄且树木茂密的街道平静地行驶时，工程师紧握门把手大叫："我们要死了！"我十分肯定他是在开玩笑，但他最后的声明是清楚的：我们不得不按照更高的行驶速度标准来重新设计我们的街道。

更高的设计驾驶速度能让街道更安全，这个逻辑与城市工程师追求交通畅通无阻一道，导致许多城市以12英尺或13英尺，甚至是14英尺的宽度重建其街道。现在汽车只有6英尺宽，即使是福特的远足越野车也只有6英尺6英寸宽。以前大多数大街是由10英尺宽的车道组成，许多最具活力的街道自然保持这样的尺寸，如佛罗里达州的棕榈滩上奢华的沃思大道。但在我之前参观过的很多城市中，车道宽度达12英尺的屡见不鲜，而这些地方恰恰是超速最多的地方。

当我写到这里，当你读到这些文字时，拓宽车行道会导致司机超速便不言而喻了。毕竟，如果我们以每小时70英里的速度行驶在车道宽12英尺的高速公路上会感觉畅快淋漓，那么在车道同样宽的城市街道上我们会愿意慢下来吗？然而，在道路工程师奇怪的认知世界中，这两者之间是没有关系的：不管我按何种标准设置车道，司机都会遵守限速要求，或者只是超速一点点。

如同诱导需求理论一样，工程师们这一次也不能明白他们设计街道的方式会影响人们使用街道的方式这个道理。在他们的逻辑里，更多的车道不会导致更多的交通量，高速车道不会导致驾驶速度更快。女士们先生们，让我来揭示导致当今城市衰败的第二大谬误：那就是以安全为名义扩宽城市的街道就像派发手枪以阻止犯罪一样。

为了避免你们认为我胡编乱造，让我们看一下马里兰大学的教授里德·尤因（Reid Ewing）和德州农工大学的教授埃里克·丹博（Eric Dumbaugh）在科学分析后得出的结论。在他们2009年发表的文章《建筑环境和空间安全：实证案例综述》（The Built Environment and Traffic Safety: A Review of Empirical Evidence）中，他们这样评估当前的状况：

通常认为，传统交通安全理论的根本不足在于它不能解释人的行为在交通事故中的调节作用。拓宽特定的道路以使其变得更安全是基于人的行为会保持不变的假设。正是这种想当然正确的假设，即不管街道如何设计，人的行为都将保持稳定，导致传统安全理论在实践中的失败。[4]

这样的失误将要付出多么昂贵的代价？在第 80 届交通研究委员会年度会议上罗格斯大学的教授罗伯特·诺兰（Robert Noland）展示了自己的研究成果：通过统计数据发现，增加的车道宽度可能导致每年交通死亡人数增加九百人。[5]

我们只能寄希望于这些研究最终会对美国普通城市设计和建设主要大街现行的做法产生影响。目前，对于没有"足够高的"设计车速的街道设计，工程师们仍然拒绝认可。他们说："我们害怕被起诉。"有朝一日，我会鼓起勇气回应："害怕？你是应该感到害怕。现在我们公开告诉你：狭窄的道路能够拯救生命。当有人在你设计的宽敞道路上死亡时，我们将会起诉你。"

这里有一些好消息。新城市主义协会(CNU)是一个致力于城市宜居建设的非营利机构，[1] 在它的努力下，我们已经开始改变道路建设的标准。CNU 与交通工程师学会合作编写了新的《设计适宜步行的城市道路》手册，该手册提倡将车道宽度设计为 10 到 11 英尺。[6] 有了交通工程师学会的出版许可，这本手册现在可以在规划会议上宣传而有助于形成更合理的标准。我只希望"11 英尺"不为这个标准采纳。

让我们看到希望的另一个原因是日益活跃的"时速 20 英里"（ 20's Plenty for Us ）活动。这场活动已经风靡英国，在美国也开始赢得一些支持者。由于认识到以每英里 20 公里车速撞到行人时，致死的概率仅为 5%，而车速达 40 英里每小时相应的概率上升到 85%。[7] 英国已经在很多城市中引入了限速 20 英里的限速标准。目前英国举办了 80 多场"时速 20 英里"活动，大约有 25 个行政辖区超过 600 万人承诺在他们的居民区内限速 20 英里。2011 年 6 月，欧盟的交通委员会建议在整个欧洲大陆采用这个规定。[8] 很容易想象，不久的将来，时速 20 英里会成为整个欧洲的标准。

而在大洋彼岸的美国，新泽西州的霍博肯市可能是第一个开展"时速 20 英里"活动的城市。不幸的是，在新泽西真正风行的只是时速 20 英里的建议，更高的官方限速标准仍然

1　特别说明：我是这个组织的创办人之一，在过去 20 年来致力于支持这本书中的理念。你可以在 cnu.org 中加入我们。

存在。当我写到这里的时候，纽约正在率先使一些区域限速 20 英里合法化。这些进展都是重要的，但不能止步于此。如同任何一个伦敦的行人都会告诉你那样，限速 20 英里的指识牌并不能保证司机以每小时 20 英里的车速开车。大多数司机会以他们认为舒适的速度行驶，而这个速度就是道路的设计速度。作为降低设计时速的第一步，"时速 20 英里"运动是有效的。当时速 20 英里的限速区域急剧增加时，我们才有可能说服工程师去设计时速 20 英里的街道。[1]

5.1.4 保持街道的复杂性

将车道变窄并不是降低车速的唯一方法。建成环境的方方面面都会向司机发出提示，而且太多的这些提示都在告诉司机要"加速"。不幸的是，这些提示大多数还是法律法规。其中最值得我们注意的两点是交叉口的几何形状和视觉三角形。

最近，我和妻子驾车去费城公路旅行。这是我们有小孩以来的第一个只有我们两个人的周末。我们打算珍惜这段旅行时光。第一站是在独立钟（Liberty Bell）以南大约一英里，第九大道（Ninth Street）和 Passyunk 大道的交叉路口。喜欢吃快餐的人会认得这个地方，这是 Geno 牛扒和 Pat's King 牛扒的所在地，数十年来这两家超大快餐店一直在争夺费城最佳芝士牛扒的称号。

我以前就听过这场芝士牛扒的对决，但我并没意识到两家店周围奇特的城市环境。像是要彰显两家店的争战关系一样，这两家店面对面地坐落在两个老式熨斗形的地块上，就像一张饼的两个小块，由两条以 30 度角交叉的街道"切开"。Pat's 坐南朝北，对面的 Geno 则坐北朝南。两家店都有华丽的标牌，看上去就像在两艘俱乐部游艇在对峙。

对于我来说，问题并不是哪一家的三明治味道更美味（我喜欢 Pat's 的三明治[2]）。问题是，这两家芝士牛扒店成立的这些年来肯定招待过交通工程师，那么为什么两条以 30 度角相交的道路在大多数的美国城市仍是违法的呢？

观察这个交叉路口的路况，很难去想象出一个比这更安全的情景。首先是排队的顾客蜿蜒延伸到了路上。我们规划师把它称做人体减速区（使机动车减速），与另一种常见的现象"人体减速路障"刚好相对。另外，而且所有要驶入路边接人的车辆又进一步减缓了车速。但是即使没有排队的顾客和路边接人的车辆这两方面的干扰（我们返回时恰

---

1 如您所料，这是几乎不可能的，其中的原因已经讨论过了。大多数工程师会坚持依据 25 英里或 30 英里的额定时速标准在街道设置 20 英里的限速标志，这样便能确保超速者的"安全"。

2 这主要因为 Geno 排外的政治表现。

好是顾客消退的时候），人们仍然会小心翼翼地驶过这个交叉口，因为这个路口本身看上去很危险。

欢迎来到风险动态平衡（risk homeostasis）的世界，一个真实存在于交通工程专业狭小目光范围以外的领域。风险动态平衡是指人们自动地调整其行为以维持自己认为舒适的风险水平。它解释了为什么中毒死亡人数会在引入儿童安全盖后反而上升——因为人们不再把药藏在小孩子碰不到的地方，也说明了为什么美国看起来最致命的交叉路口总是那些能让你驾驶时一只手操纵方向盘，同时另一只手还可以接电话的交叉路口。[9]

最好的风险动态平衡故事来自于热衷于交通安全研究的瑞典（Sweden）。如果你看看这些年来瑞典交通死亡事故的柱状图，大部分的数据都不会让你感到惊奇。交通死亡人数在六十年代上升，引入安全带后下降，20世纪80年代趋于平缓，安全气囊成为标配后进一步下降。但是，且慢，在1967年发生了什么？在短短一年内，交通死亡人数就从1300人以上减少到1100以下，下降了17%。原来，1967年3月9日，瑞典从靠左驾驶改为靠右驾驶。[10]

正如您已经猜到的那样，每个人都相当担心这种转变。方向盘是在汽车的另一侧，大量的信号和标志都需要马上做出调整，政府担心会酿成大规模的交通事故。但是，正是因为人们害怕，才促使车祸数量陡然下降且直到1970年都没有恢复到以前的水平。

这其中的经验很明显：如果重视国民的生命安全，应该每隔三年调换一次行车的方向。由于这不大可能得到广泛的支持，所以让我们来看看更重要的经验：最安全的道路是那些感觉最不安全，需要司机投入更多的注意力的道路。

可惜这些经验仍被思想僵化的主流交通工程行业所排斥。在大多数城市中，交叉路口需要达到或接近90°。非常适合降低车速的错位交叉口被严格禁止。老城市常见的五路交叉口也是违法的。我的房子就坐落在这样一个疯狂的交叉路口，在过去的三年内，我还没有亲眼目击过一桩车祸。而事实上，距离我们一个街区远的一个标准的90°交叉路口，基本上每一个季度都会发生车祸。

交叉路口的形状只是故事的一半。故事的另一半是交叉路口视线的通达性，也是这一规定使规划师将一个地方变得耐人寻味的努力都变得徒劳：即视觉三角形需求。这个标准要求垂直的物体，如建筑物和树木与街角之间保持一个最起码的距离，使得司机能看清他们的周围。在设计不影响行为的认知中，这样的要求是完全合理的。但在现实世界中，这会导致车辆在交叉路口加速。

美国很多宜居的地方都有树叶茂盛、形态美观的公共空间，同时也都违反了视觉三角形的要求。[1] 其中许多这样的地方都恰恰坐落在强制所有新建建筑都遵守视觉三角形要求的城市里。但幸运的是，每个管辖区都有权力去执行它自己的视觉三角形规则。虽然它们很难完全抛开这些规则，但它们往往只采用那些无关痛痒的要点。提示：这一切取决于你怎样衡量视角三角形。

5.1.5 安全至上

如果我们预见到的危险越大，开车时就会越安全，那么应该如何建造世上最安全的道路？对于这个问题，也许最好的答案来自荷兰的交通工程师汉斯·莫德曼（Hans Monderman, 1945–2008）他首创了两个绝妙且互相关联的概念：裸路（naked streets）和共享空间（shared space）。尽管这两个概念并不是放之四海皆适用，但能为我们改善城市带来很多启发。

裸路指取消道路上所有的标志（包括停车标志、红绿灯甚至是道路上的标线）。这种做法不仅不会造成混乱，而且无论在哪里试行，好像都能降低交通事故率。丹麦的克里斯蒂安斯费尔德镇按照莫德曼的建议拆除了主要十字路口所有的路标和红绿灯，然后观察到每年发生的重大事故数量从3降为0。英国的威尔特郡，即巨石阵的所在地，取消了一条狭窄道路的中心线，交通事故的数量下降了35%。[11] 尽管有标线的道路比较宽，但司机在这些没有标线的道路上会车时，其之间距离较有标线的道路还要宽40%。[12]

莫德曼是这样描述他的方法的："交通工程师的症结在于他们遇到道路中的问题时通常会尝试在道路中加进新东西。而我认为更好的做法是移除一些东西。"[13] 这种说法在荷兰有着特别的意义，"道路无任何标识"一直是这个国度的传统——在那儿你不太可能看到一个停车标志[14]——但是这种理念目前已经传播到了澳大利亚、法国、德国、西班牙和瑞典。[15]

裸路也开始在美国出现，通常还伴随着莫德曼的另一个好理念——共享空间。从某种角度来看，共享空间只是裸路概念的延伸，也包括消除物理提示和路障，比如路缘石及车行道与人行道采用不同的材料。这么做是为了构建一个彻底模糊的环境，将汽车、骑行者和步行者集聚到"一个混杂的空间"中。

就像大卫·欧文提到的那样："对于许多人来说，这听起来更像一条引发灾难的配方。"事实却并不是这样："尝试过此举的大部分欧洲城市以事实表明，增加城市道路空间的模糊性实际上会减慢车速、降低事故并更能保障行人的生命安全"。[16] 用莫德曼的话来说，"无

---

1 艾伦·雅各布斯的《林荫大道》（The Boulevard Book）一书中详细讨论了视觉三角形要求如何使著名的大街变得违法。在一幅尖刻的图中，雅各布斯指出，如果采用美国的标准，巴塞罗那华丽的格拉西亚大街中三分之一的树木将会铲除掉（118-119）。

序混乱即等于共同合作"。[17]

莫德曼对自己的信念充满信心。他最喜欢和电视记者开的玩笑就是站在其在荷兰奥斯特沃尔德村庄建设的共享空间十字路口前接受采访，然后淡定地背对车流倒行到路中，像红海划开两片陆地那样分开车流。[18]

美国没有能像莫德曼那样做得那么极致的共享空间的例子，但是第一个尝试这样做的路口位于迈阿密海滩的埃斯帕诺拉路上。距离前面几页提到的刚刚进行了不必要扩宽的街道仅有两个街区的距离。出于良好的政治风俗，城市请该街道社区的居民参与重新设计其中一个重要的十字路口，而不知道该社区有大量从欧洲回来的设计师。"不要路缘石，"我们说，"只需在建筑立面之间的地面上铺上砖块就行了"。西班牙广场在 2000 年左右建成，尽管它的车流量相当低，但也能很好地发挥自己的作用。当交通工程师回归理性之时，我们将看到共享空间在美国发展壮大。

5.1.6 单行道泛滥成灾

1918 年，全球有 7500 万人死于流感。整整 50 年后，美国又被另一种"传染病"袭击——尽管对人类的伤害略小，但是仍使全国各地的城市遭到摧残。我谈论的正是市区大规模地将双行道换成单行道的做法，美国的城市几乎没能逃脱这个厄运。此举影响深远，至今仍困扰着我们。

这种行为的逻辑很简单：面对人口迁往郊区的挑战，城市要保持自身的竞争力，就要围绕实现郊区居民快速进出市区的目标进行提升改造。其中很明显的一部分措施就是建设州际高架路，大量的文献证明此举产生了近乎自杀的后果。另一部分很少被人提及的措施是改造市中心原有街道，构建以单行道为核心的自由流动系统。通过将双行道改为单行道，城市就能引进同步信号，同时避免行车左转时减速。

和州际高架桥一样，这些被重建的街道实际上有效地提高了通勤者的车速，以至于他们似乎再也没什么住在市区的理由了。但是与此同时，曾经是城市重要资产的公共区域却沦为高速路的汇集地。曾经容纳汽车、行人、商铺和行道树的交通干道，现在除了供汽车行驶外，排斥其他所有事物。因为没有其他功能，交通干道很快变成了排"车"道（与"排水道"相应）。[19]

我们已讨论过多车道的街道是如何助长对行人不利的驾驶行为的。如果再加上消除所有相向而行的车辆产生的阻力与 2 ~ 4 条畅通无阻的车流所代表的强劲动力，你就能明白为什么很快这些街道变得如此萧条。无论是像圣路易斯、圣地亚哥那样采用大型单行道网络的形式，抑或是像弗吉尼亚州的亚历山大市、俄勒冈州的科尼利厄斯市那样仅建一条单向双车道，很难说哪个大中型城市能够逃离这项技术所带来的厄运。实际上，从波特兰开车向西到俄勒冈海岸，我亲眼目睹交通运输局运用单行道这个伎俩使得州里很多主街丧失了活力。

单行道毁掉市中心零售商区，不仅仅是因为其导致令人厌恶的驾驶行为，主要还是因为单行道使活力分布不均衡，而且分配方式通常非人所愿。我们知道，单行道毁掉了那些位于清晨上班路线上的商店，因为人们的大部分购物活动都是在晚上回家的路上进行。[1] 这还会导致另一种情况：半数在十字路口上的零售商店将失去商机，因为经过的司机回过头才能看到他们。这使得那些担心迷路的外地人感到不安，也让当地居民感到丧气，因为他们必须绕远路和通过额外的交通灯才能到达目的地。

实际上，这些迂回移动的方式使人们对"单行道系统效率更高"的假设产生深深的怀疑。它们当然能让汽车开得更快，但是更快的车速是否足够补偿不得不额外增加的行驶路程（尤其对迷路的驾驶员而言）？尽管有大量研究记录了单行道减轻拥堵的成效，可我还是没有看到它对绕圈子造成的拥堵起到哪怕一丁点的缓解作用。

这让我想起了我第一次去马萨诸塞州洛厄尔市的经历，那天我受聘去做市中心的设计。尽管使用了谷歌地图，我还是迷路了，徒劳地转悠了 20 分钟后我不得不打电话向该市的副市长求助，最后靠他在电话里的指引才到了目的地。对于我这样一个仿佛已经内置精准指南针的城市规划师来说，这实在很难堪。后来当我开始熟悉这座城市时，我感觉到了一点安慰。原来洛厄尔市工业化前被运河和河流隔断的古怪路网被强加上了单行道网络，于是成了美国最混乱的街道路网。在最终报告里我非常乐意描述从纪念堂开车到它指定的停车场只有 200 英码的距离、但沿单行道走却要转五个弯，路程达一英里。

这时，一些机敏的读者或许会问到波特兰的例子：波特兰是单行道路网，但是效果却很棒，这是怎么回事呢？波特兰在这个讨论上增加了一条重要告诫：如果当地路网结构简单，街区规模较小，路网密集且街道比较窄，那么单行道系统就能很好地运作——想象一下曼哈顿大部分住宅区的十字路口吧。但是波特兰有许多单行道因为太宽而不适宜步行，另一个以小街区著称的城市西雅图也是如此。当街道的宽度大于两个车道的宽度，就需要用一些特别高的建筑来保持视觉上的舒适感，但美国的大部分城市的建筑都没有达到相应的高度。

1　正是这个愚蠢的举动毁掉了第八街——迈阿密小哈瓦那在 20 世纪 70 年代的主要街道。（安杜勒斯·杜安尼，彼得·卡尔索尔普，杰夫·斯佩克，《郊区国家》，161）。

再来看看萨凡纳的情况。1969年，奥格尔精巧路网中的许多南北走向的街道都被纳入了单行街道系统。其中大部分目前仍作单行道使用，成为影响在城市中愉快漫步的唯一的、最大的障碍，不然这里就是十分适宜步行的城市了。意识到该问题后，市政府委托建筑师克里斯丁·索蒂尔去研究其中一条大道——东布罗德大街（East Broad Street），以找出这条路变成单行道后到底出现了什么变化。克里斯丁仔细地研究了纳税人清册，并统计了1968年及往后数年沿街仍有营业活动（仍在缴税）的店铺数量。他发现自从改为单行道后，三分之二的店铺关闭了。[20]

让人高兴的是，事情出现了转机。出于对高速行驶会影响新建小学的顾虑，市政府将东布罗尔大道恢复成双向道路。有经营活动的店铺数量在短时间内增加了50%以上。[21]

萨凡纳并不是孤例。受到几个广为宣传的成功例子的影响，数十个美国城市开始将他们的单行道系统变回双行道系统：包括俄克拉荷马市、迈阿密、达拉斯、明尼阿波利斯、查尔斯顿、伯克利，[22]……接着还有洛厄尔。大概近期最被大家津津乐道的例子要算华盛顿州的温哥华市了。就像艾伦·思瑞霍特（Alan Ehrenhalt）在《政府管理》杂志中所说的那样，温哥华"投入了大量资金试图使市区重获生机"，但是这些投资"对主干道没起到任何作用。街道在这几十年里大部分时间还是像往常一样沉闷"。[23]他还说道：

"就在一年前，市议会尝试了一项新策略。不再等待州政府和联邦下拨的超过1400万美元去完善主干道和周边环境，而是采用了更简单的办法。他们在路中央涂上黄线，更换了一些路标，安装了一些新的交通灯。换句话来讲，他们将一条单行街道改成了双行道。主街上的店家对此举期望甚高。可喜的是最终的结果超出了他们了预期，2008年11月16日改造后，温哥华的主街道几乎在一夜之间就恢复生机。"[24]

成功还在继续，商人们依然狂喜不已。店面前的车流量增加了一倍，曾经令人担忧的交通拥堵也不再发生。现在，温哥华市中心协会的主席丽贝卡·奥肯对其他城市提了一些规划建议："在市中心主要商业区应禁止设单行道。我们已经亲自证明了这点。"[25]

对于像温哥华（16.2万人口）这样的中小型城市，她说的话完全没错。但是对于较大的城市来说，就要视情况而定了。就我自己来说，就不主张将曼哈顿的哥伦布和阿姆斯特丹的大道变回双行道；但是平心而论，如果实施这种改变，纽约将会变得更加适宜步行。总而言之，如果你所在的市区缺乏活力，实行的又是单行道制度，那么是时候作出改变了。

5.1.7　令人担惊受怕的人行道

现在我们差不多已经对行人安全的问题进行了详尽的讨论，那么接下来或许应该着重讨论行人驻留时间最长的人行道。之前我一直避免谈及此问题，是因为人行道在设计时几乎没有考虑过行人的安全问题。步行倡导者总是争取更宽的人行道，但这几乎与行人安全没有关联。美国一些最适宜步行的城市中，人行道反而最窄——想一想查尔斯顿、坎布里奇和乔治城。在新奥尔良的法语区，人行道的宽度只有 7 英尺。

人行道的安全并不取决于它的宽度，而是取决于人行道和行车道之间是否有停泊的车辆形成的障碍对其进行保护。你试过在没有路边停车位的人行道上进餐吗？很可惜，依赖这些小桌椅的生意很难维持，无论桌椅距离马路 2 英尺还是 10 英尺，没有人愿意在坐着或行走时直接面对车速达每秒 60 英尺的车流。在路边泊车也能减缓车速，因为司机们得提防可能驶入车道的车辆。[26]

没有停泊车辆的人行道几乎难以吸引行人漫步，但是城市却经常以车流量大、街景美化还有最近提出的安全保障为名取消沿路停车。最近，出于扔炸弹的恐怖分子害怕收到违规停车罚单的设想，俄克拉荷马市取消了许多路边停车位。这种逻辑多么可笑，却一度被联邦接受[1]。幸好，至少当地的领导阶层显示出了改革能力：在我们为俄克拉荷马城中心商业区制定的新计划中，将路边停车位的数量增加到原来的两倍多——从少于 800 个变成超过 1600 个。根据国民信托组织的主街中心计划，每撤销一个车位就会使旁边商店的年度营业额减少 1 万美元。如果反过来也成立，我们就能让俄克拉荷马城的商人们每年增加900 万美元的收入。

沿路停车新近出现的大敌是两个老相识：自行车道和公交专线。为了增设自行车道而剥夺对人行道的保护，实质上只不过是为了一种非机动的交通去牺牲另一种非机动车交通。因为公共交通的成功依赖于步行可达性，任何破坏行人舒适感的有轨电车系统其实都是在搬起石头砸自己的脚。如果自行车和有轨电车真要替代汽车出行，那它们必须替代的是那些行驶中的汽车，而不是停泊着的汽车。

可以用树木和景观替换路边停车吗？答案是不能，除非你愿意摆上像芝加哥州大街上那种笨重的大花盆——就算你那么做了，车辆还是会开得超快。然而，就像我会在第 8 步谈到的一样，树木对行人的舒适性而言是必不可少的。而且树木的存在的确会在一定程度上减慢车速。此外，树木还能防止车辆越过路沿。因此，最安全的人行道沿路边应停满车辆并有

1　在美国很多城市，联邦建筑前的马路边实施了最严厉的反恐禁泊令。

成列的行道树[1]。

比冲上路沿的汽车更危险的是，为到达上落区和得来速快餐店而穿越人行道的车辆。为了方便司机，在20世纪70年代时美国就将沿人行道开口子,像万圣节糖果一样派给银行、旅馆、干洗店、酒店和任何讨要它的人。现在看来，这等于是明确告诉行人说人行道并不属于他们。

很多这样的开口现在都可以取消。如果城市里有后巷，就更没有理由利用人行道为商户提供额外的出入通道，何况，除了小巷以外我们还有其他的替代措施。大部分银行的免下车服务区一般有3到4个车道那么宽，靠近人行道可以缩窄，而过了人行道再恢复到原来的宽度。确实，由于网上金融业务的崛起，很多免下车通道都可以取消了。不管能否迫使他们放弃现有沿街的开口，当下最佳的对策就是不要再增加新的开口。除非规模实在很大，即使是酒店，也应该能够在沿人道边，在停车道内轻松满足客人上下车的需求。我们在费城时住在有230间客房的帕洛玛酒店，这家酒店的客车都在路边落客。要减少人行道开口，对于禁止停车的小范围区域，例如落客频繁的酒店，城市必须表现得慷慨一点。

5.1.8　毫无意义的信号灯

在上一步的章节中，我提到过出租车在人们视线中的出现率可以作为评价城市可步行性的一项指标。另一项可靠的指标则是按钮式交通信号在人们视野中的缺失率。我在游历中见

1　最近十分流行的一个有趣争论是关于前向斜角停车和后向斜角停车的讨论。很多城市包括其商业区，车道的宽度适用于斜角停车。尽管历史上很多主街都采用后进式停车，但近年来人们把这种停车惯例改成了前进式（车头朝向路缘石）。由于交通工程师的介入，加上一些人发现后向停车比前向停车更安全，一项新运动便诞生了。现在，举国上下的城市都重新引进后向停车——包括夏洛特、檀香山、印第安纳波利斯、纽约、西雅图，图森和华盛顿——随后，交通事故的发生率下降了，尤其是在那些有自行车行驶的地方。例如，图森在将前进式停车改为后进式之前平均每周大概会发生一起自行车-汽车碰撞事故。现在新政策已实施四年，却不曾有事故被报道过（见 brunswickme.org/backinparking.pdf）。

这很容易理解。后向停车是通过倒车靠向路沿，而前向停车则需要司机倒车进入移动的车流。后向停车也更便于装卸物品。后向停车唯一也是最大的问题在于几乎每个人都讨厌它，主要是因为大家还不习惯。爱荷华州锡达拉皮兹市就是这种情况：一个叫布伦特·B（Brent B.）的人在网络发表的言论集中代表了公众意见：“真令人惊讶，市议会那些笨蛋花了三年时间认识到是这么白痴的想法，而我们这些有常识的人一开始就知道这是愚蠢的”[瑞克·史密斯（Rick Smith），“锡达拉皮兹市正逐步取消后向斜角停车”一文的评论，《公报》（The Gazette），2011年6月9日]。由于他的话，一名叫作杰里·麦格恩（Jerry Mc Grane）的市议员说，他给后向停车投支持票“只是为了取乐，别无他故”（同上）。

后向停车也曾在一些条件不成熟的社区里实施。我不是指认知方的条件不成熟，而是说城市的传统。如果居民不习惯平行停车——因为平行停车比后向停车更难——而且当地沿路商铺前的停车方式都是前向停车，那么实行反向停车可能太难了。美国加州硅谷地域的菲蒙市的情况就是那样，后向停车在实施一年之后就取消了，因为当时70%的民意调查对象说他们“不太可能”在后向停车的零售店停车（菲蒙市，市议会议程与报告（City Council Agenda and Report），2011年5月3日）。但是看看菲蒙市吧：一个无计划扩张的城市——217,000的居住人口却没有一个适宜步行的街区。

我听过的反对后向停车最中肯的理由是汽车尾气会使在路边用餐的人受到毒害。这个观点有一定道理的，在确定后向停车的区段时必须加入考虑。就像图森建议的那样，自行车道也需要纳入考虑，因为在前向停车位后面设置自行车专道基本上是自我毁灭。注意到这两点之后，我很乐意将问题留给市民来定夺。要是被问及此事，我通常会这么说：“后向停车在华盛顿运作得挺好的。你是比我们更优秀还是更差劲的司机呢？”

证到，最需要改进的总是那些在十字路口设置了信号灯按钮的城市。我依然记得在我童年时期这些技术就开始被引进，在当时这看起来似乎是对行人的恩赐。"哇，我能控制交通灯了，这实在太棒了！"但事实却大相径庭。按钮几乎意味着总是汽车起主导作用，因为安装信号按钮的交叉口同时也利用新的信号时序，通常供行人过马路的时间会缩短，而等待通行的时间却变得更长。按钮不但没为行人助力，反而将他们变成了二等公民——行人原本根本不需要受信号灯的约束。

和视障者谈论行人信号灯按钮是耐人寻味的。视障者按下按钮，等待周围杂声的短暂停息，但他们无法判断这片刻的平静是因为红灯亮起还是因为暂时没车。另外一种信号灯是让人讨厌的啾声信号。在诸如马萨诸塞州的北安普顿这样的城市里，这些啾声代表了日常生活的节奏。正常的（没有按钮的）人行横道都不需要啾声，因为视障者能够听到声并判断车流的方向。

交通规划师的另一个新宠是被称为"巴尼斯之舞"交叉口。它由丹佛的亨利·巴尼斯创造并在美国开始盛行。在"巴尼斯之舞"交叉口，需要等待所有的车辆停下来，行人才可以获得一段短暂的、在整个路口任意穿梭的时间——包括朝对角线的方向。"巴尼斯之舞"只是对这种行人和车辆轮流穿越这类做法的发扬光大。只不过后者没有对角线，但其作用却一样。人们引进这种机制来防止转弯的车辆和行人之间的冲突，但这只不过又是用"行人安全"的借口来限制行人，从而方便汽车的一个例子。日本就有超过300个这样的十字路口，而且这种路口在行人拥挤的地方（比如曼哈顿的联合广场）的确有一定的合理性。然而，宾夕法尼亚州的伯利恒市并未表现出现行人拥挤的状况，这就是为什么我对这里行人"轮流穿越"路口时乱象丛生印象深刻的原因。小城镇需要意识到适合于大城市的规则或许对自身并不适用。

"轮流穿越"路口使行人感到无助：因为有可能穿越每个马路前都需要静立等待。有经验的曼哈顿步行者可以确定的是：在一个有着标准信号系统的真实路网中，你有可能避开一路上的红灯，一口气连续走过大半个城市。大多数行人路径不是正南正北或正东正西，而是对角线走向，而且十字路口无论何时只能提供一个方向的通行机会。行人希望不间断地行走，但是信号设置破坏了这种节奏。

丹佛最近为了引进有轨电车而取消了对角穿行的"巴利斯之舞"，但保留了"轮流穿越"模式并对其做了一个可怕的改变——将本来已经过长的时间间隔从75秒增加到90秒。[1] 丹

---

[1]　理想的交通信号周期几乎总是只有60秒或更短的时间。交通工程师很久以来喜欢较长的交通信号周期，因为他们觉得这样能帮助提高道路系统的通行能力。然而他们忘了考虑一些相关的负面影响：司机不得不忍受过长的等红灯时间，从而引发了超速和路怒，更不用说还有乱过马路引起的交通事故了。

佛声称这个改变有一部分原因是因为联邦政府将行人步速标准从每秒 4 尺降为每秒 3.5 尺（随着美国人变胖，行动速度也将变得更慢）。但是让我们来算算：用以前较快的速度通过三条车道只需要 9 秒，用现在较慢的步速则需要 10.3 秒。为什么需要等待的时间却增加了 15 秒？很明显，和往常一样，赢家还是汽车，因为城市担心电车会给汽车造成不便。让我们祈祷高原反应能赐予丹佛步行者以超乎常人的耐心吧。

城市牺牲行人的利益来增加车流量的另一种的方式是使用"红灯右转"的规则。上天作证，作为一名司机我爱死这条规则了，但正如杨·盖尔所指出的那样："红灯右转规则在美国应用得如此广泛，但对那些想鼓励人们步行和骑自行车的城市来说这是不可想象的。"[27] 这种规则在荷兰是被禁止的。[28]

当然，执行绿灯右转规则对行人的伤害就更大了，而绿灯左转的危害性则重上加重[29]，因为司机被告知可以这么开车。华盛顿特区近期刚刚施行了一项安全创新技术，叫作行人优先时距（leading pedestrian interval），简称 LPI，其更为熟知的名称叫"行人先行"。在 LPI 中，"行人通行"信号比绿灯提前三秒钟出现，以便行人抢在汽车之前占据路口。这是提升可步行性的理想形式，因为它同时也提升了行人的安全和便利，而不是将两者对立起来。与此同时，洛杉矶市提升行人安全的聪明做法就是取消人行横道。[30]

尽管我们把交通信号系统作为道路设计的一部分，到头来最安全的方法可能反而是"少即是多"，就像在四向停车标志里蕴含的理念一样。如果我们不再告诉司机什么时候可以通过路口，而是让他们自己去思考，会怎么样呢？四向停车标志要求司机像进行协商一样通过交叉路口，而且事实证明它比交通信号灯更加安全[31]。司机会降低车速，挥手示意行人和骑行者先行通过，拖延的时间也不过几秒钟而已。[1] 显然，这在最为繁忙的街道是行不通的，但是大多数城市中的许多十字路口都能从把信号灯换成停车标志中得益。

如果停车标志比交通信号灯要好得多，那么为什么交通信号灯仍旧在交通量低的街道上激增？事实上，在典型的拐弯处，为什么不是一个方向设置一个交通信号灯，而是每个方向的每一个车道都放置一个交通信号灯以至于一个典型的城市四车道十字路口挤满了交通灯？早在 20 世纪 60 年代，只要在十字路口中间设置一个交通信号灯就已经足够了。

答案可能在于是谁制定的规则。爱德华州达文波特设计中心的主管达林·诺达尔对此略作研究，发现受城市委托设计交通信号管理系统和出售信号装置的是同一家公司。这已经足

1　实际上，四向停车在很多情况中是骑行者的梦想，因为此举通常使自信的骑行者在不减速的情况下冲过一个又一个的十字路口。

以说明问题了。

如果大多数十字路口只有一个交通信号灯，会比有十二个的更安全吗？可能会，也可能不会。但是，很多街道设置了四向停车标志之后会更加安全，而由此省下来的公共资金必能有更好的用处。

5.2　倡导使用自行车

更好的出行方式；阿姆斯特丹、哥本哈根、波特兰和其他外国城市；嗨！我在这儿骑自行车！多安全才算安全？我和驾车式骑行者存在分歧；自行车道、隔离道和共享道路；高级骑行；别太贪心

也许美国的一些——仅是一些——城市中当下发生的最大变革就是骑车人数的明显上升。这并不是一个巧合。最近一年内纽约骑车人数增加了 35%，这多亏了城市不断大力改善自行车道网。目前，几乎每个美国城市中都有大量的潜在骑行者正等待骑行环境变得成熟，而那些现在就为自行车设施投资（投入相对低）的城市在吸引下一代新居民方面是具有深远优势的。千禧一代通常将骑车看作选择落脚点的一个重要动因，而且目前 17 岁少年中想拥有驾照的人数比婴儿潮一代的同龄人数少了三分之一。

对于每一个 20 世纪 80 年代居住于纽约的人来说，在讨论行人安全时倡导使用自行车似乎有点儿奇怪。在那个年代，只有鲁莽的邮差才会骑自行车，而且他们完全不遵守交通规则响着急促的铃声在行人中冲撞。但是现在拜访这座城市时很难在过往的人群中认出哪些是邮差，他们大多都只在新建的自行车道上骑行。

然而并不是没有例外。[1] 罗恩·加布里埃尔（Ron Gabriel）拍摄了一个让人窒息的航拍视频，名为"3-Way Street"。[1] 在这个视频里，我们可以看到一些更喜欢冒险的曼哈顿骑行者迎面而来的在车辆逼近时越过多条车道，吓到了斑马线上倒霉的行人。显然，有些人还没有明白这个视频项目的意义。视频播放几分钟后我们很明显地看出，受这些骑行者威胁最大的显然是他们自身，所以我们只好想当然地认为依据达尔文的进化论这些人将被淘汰掉。

1　实际上，正是在一些最高级的骑行城市（比如阿姆斯特丹和柏林），我才因为高速行驶的骑行者而差点丢掉小命。不过，在这两个地方的例子中，我绝对是有过失的一方，当时我毫无头绪地在标志鲜明的单车道上瞎溜达，因为刚下飞机而还没来得及适应合乎逻辑且标识完善的街道分割。仅仅是和他们擦身而过那么一次，就足以让我在剩余的拜访旅途中纠正自己的路线了。

每个进化过程都伴随着艰辛，况且这些铤而走险的骑行者还掩饰一个更深的真理：城市的骑行者越多，骑行者本身和行人就更安全。

反过来想，这是很容易理解的。一旦对于一条路上通行的自行车司空见惯，那么司机就会开得更加谨慎。这种满街都是自行车的城市是与众不同的。当纽约的大街铺设了自行车道之后，行人的伤亡事故减少了大概三分之一。确实，在百老汇和第九大道上发生的碰撞和伤亡事件的总数削减了一半，[2]甚至超过了倡导者们的预期。

5.2.1 更好的出行方式

安全只是我们需要更多自行车的众多原因之一。每一个享受过适合骑行的城市的好处的人都会告诉你，骑自行车一定是那里最高效、最健康、最使人充满活力和最可持续使用的交通方式。消耗相同的能量，骑车能比步行多走二倍的路程。[3]骑自行车的人的日常运动量是驾车者的两倍。[4]自行车的价格很便宜，而且不需要买燃料，骑自行车还能收获无穷乐趣。就像一位快乐的骑行者说的那样，"（骑着自行车去上班）就像打着高尔夫去上班（一样愉快）。"[5]

我有一帮朋友，他们以骑车往返办公室代替去健身房锻炼，不仅省时省钱，而且也令他们很享受。（是的，他们上班那里可以淋浴。）就像罗伯特·赫斯特（Robert Hurst）在《骑行者宣言》（The Cyclist's Manifesto）里说的一样："如果你需要锻炼，而且你要去附近办事，为什么不把这两件事一块做了？"[6]

和汽车相比，自行车所占的空间极小。一辆汽车所占的空间能够摆下十辆自行车，而且自行车道能容纳的交通量是比它宽两倍的汽车道的 5 ～ 10 倍。[7]我们已经提到过，在自行车道上投入一笔资金所创造的工作机会相当于在汽车道上投入等量资金所创造的工作机会的两倍。如果每个美国人每天都用自行车代替汽车使用一小时，那么美国就能把汽油消耗量和温室气体排量分别减少 38% 和 12%，美国也就可以马上达到京都议定书的标准了。[8]

我发现，在华盛顿压根就找不到另一种更快捷、更简易、更方便的代步方式。如果我在这座城市的任何地方有约，我只要将出发闹钟调到约会前 15 分钟，就能准时赴约。但是如果我坐公交或者自己开车停车，就得花费两倍的时间。不久前的一个早上，我骑了 2 英里的路去医生的办公室进行健康检查，之后又骑车回家，全程只用了半小时。不过有两点我要说明：我的医生是美国仅有的会守时的医生；回家后我一定得淋浴——当时是八月。

当我们将适宜骑行和不适宜骑行的地方进行对比时，会发现一件十分有趣的事情：气候的影响出乎意料的小。在毗邻阿拉斯加州的加拿大育空地区，骑车通勤的人数是加利福尼亚的两倍。[9] 2011 年 10 月，寒冷的明尼阿波利斯市凭借骑车上下班人数占总通勤人数的 4%，被《骑行》杂志赞为"美国第一单车市"。[10] 此外，地形也不是重要因素：旧金山的骑车人数是相对平坦的丹佛的三倍。[11]

影响骑行之城建造的最重要的要素既不是环境方面，也不是文化方面，而是似乎完全取决于实体环境，涉及两种不同类型。第一，需要都市氛围。像约翰·普切尔（Ralph Buehler）和拉尔夫·比勒（John Pucher）在提交给运输和物流研究所的报告里提到的那样，加拿大人"使用自行车的次数比美国人多三倍"的主要原因是"加拿大的城市密度更大，土地混合开发，出行距离更短……此外，买车、驾车和停车都要付出更高的代价"[12]——这包括了所有和城市生活有关的条件。第二，同样引用两位作者的话来说就是，"更安全的骑行环境和更多的骑行设施"[1]——也就是说街道必须设计成鼓励骑行的样子。

这两大类要求中，前者相当于是适宜步行的要求。对行人有利的环境也需要有利于吸引骑行者。一旦吸引到步行者，那么只要进一步筹备好富有实效的自行车路网就足以让骑行文化发展起来。只要我们建设得妥善，一切就会水到渠成。

5.2.2　阿姆斯特丹、哥本哈根、波特兰和其他外国城市

由于美国没有像其他众多国家一样在倡导使用自行车方面受到法律的限制，那么通过观察那些以自行车为主导出行方式的地区以便搞清楚我们能做什么是有益的。这样的调查可能要从骑车人数比例全球最高的荷兰着手。荷兰的统计数据令人吃惊，整整 27% 的出行是在自行车上完成的。学校巴士并不常见，因为绝大多数中学生都骑车去上课。[13] 事实上，10 ～ 12 岁的孩子们中有 95% 至少会偶尔骑骑自行车去上学。[14] 女性骑车出行比率比男性更高，而且大约有四分之一的老年人完全依赖自行车出行。[15] 在阿姆斯特丹这座有 78.3 万人口的城市，每天都会有大约 40 万人踩单车出门。[16] 还有一个细节就是：穿弹性纤维服装骑行的人很罕见；人们不会为了骑车而穿戴特别的装备，当然也不会有头盔。

荷兰人从小就学习自行车安全规则并且尊重骑行者。司机学习怎样用离车门较远的手去开车门，这样他们就能先侧身查看有没有自行车再开门下车。因为自行车置物篮的容积有限，所以人们更倾向于每天采购食材，而不是每周采购一次。正如拉塞尔·肖托在《纽约时报》（*The New York Times*）中指出的那样，使用自行车意味着荷兰人能吃上更新鲜的面包。[17]

1　《为什么加拿大人比美国人更频繁地使用自行车》（Why Canadians Cycle More Than Americans），P 265。作者总结道："这些因素大部分是加美两国之间在运输和土地利用政策的差异所致，而不是因为历史、文化或者资源禀赋等方面存在的内在差异。"

在荷兰，骑车活动是一个良性的循环：自行车道（荷兰的自行车道已经是世界上数量最多的了）越多，骑车的人也就会变得越多，这反过来又刺激自行车道增多。然而我们要知道，各地的情况不一定都是这样。阿姆斯特丹的首席规划师泽夫·赫梅尔（Zef Hemel）告诉肖托："回溯到 20 世纪 60 年代，我们和美国一样都致力于建设汽车友好型城市。"在众多人中，他将荷兰人思维的转变归功于简·雅各布斯。[18] 知道在那时就有人听取她的意见，真让人感到欣慰。

和荷兰类似，丹麦最近也经历了一次骑行变革，而且很大程度上是由政府投资于自行车设施引发的。在哥本哈根，大部分城市的四车道主干道已经被改建成两条机动车道外加两条自行车道。清理积雪时，自行车道总是优先于机动车道得到清扫，这体现出城市对自行车的优先考虑。哥本哈根的自行车道推荐宽度至少有 8 英尺，[19] 相比之下美国 5 英尺的自行车道就显得很窄了。

政府在自行车设施上的投资影响深远。四十年前，哥本哈根的交通高峰期驾车者和骑行的比例为 3：1。到 2003 年，两者数量持平；而如今，自行车俨然已是这座城市最流行的出行方式。[20] 骑自行车去上班的人比开车去上班的多出 40% 以上。[21]

看看国内，最多也就是部分地区有一定规模且自行车友好性突出的城市只能是波特兰了。尽管比不上欧洲的城市，但波特兰取得的成就也是卓越的。15 年以前，仅仅只有 1% 的波特兰人骑车去上班；但是现在，这一比例上升至 8%。[22]1993 年至 2008 年间，在旺季每日穿过威拉米特河的自行车从 3600 增至 16,700 多辆。[23]

这个变化是显而易见的。最近有人发电邮给我寄来一些波特兰早晨通勤时段的照片，我不得不问发件人："这是什么特殊的日子，'骑车上班日'？""不"，他回答，"这只是一个平常的周二"。

和欧洲一样，这种转变是通过对自行车基础设施的投资引发的，但是这种投资的成本不高。据当时的自行车协调员米娅·比尔克说，"我们用了连波特兰交通运输预算经费百分之一都不到的钱，就将骑单车一族从星星之火变为燎原之势。利用建设一英里高速路的经费——约 6000 万美元，我们铺设了 275 条单车道。"[24] 将交通运输资金的 1% 用在可以为 8% 的通勤者服务的自行车路上，这似乎是笔不错的买卖，如果考虑间接的经济效益，其效用更大。相对于扩宽道路和其他公路"升级"措施来说，新建的自行车道实际上还能使附近地产增值。

这并非信口开河，在波特兰甚至有一位被称为"自行车房地产经纪人"的女性，名叫克里斯汀·考夫曼，她专门出售自行车道旁的高价住房。其网站 bikerealtor.com 上言简意赅地写道:"我明白,我专门帮助那些想减少开车而更多地享受生活的人。我的亲身经历告诉我,我们一家人在车里待的时间越少,就会越健康、越快乐。"[25]

如果自行车道能让房子增值,那么其中一部分增加的价值会以更高的物业的形式流回城市——这肯定足够支付自行车道的费用了。当然,这些纳税的钱仅仅是人们在交通上节省的时间、金钱的一小部分,乔·科特莱特(Joe Cortright)如是说。

而且,围绕着自行车出行对社区进行重塑,还能产生除经济方面之外的好处。在骑行城市的经典图书《铁马革命》(Pedaling Revolution)中,杰夫·梅普斯(Jeff Mapes)描述了一种当地的流行活动,"单车搬家",人们相互帮助,完全靠自行车完成搬家工作。这听起来似乎是结交朋友的好办法,尽管效果比不上也是由波特兰组织的北美年度最大的裸骑活动(千万别忘了带上婴儿湿巾来擦汗)。[26]

在把话题转向纽约最近的转型之前,还有另外一个美国城市值得一提:科罗拉多州的波尔德。2000年到2003年短短三年内,波尔德骑车通勤的居民百分比变成了以前的三倍,从本来就很高的7%上升到了具有历史意义的21%,这多亏了对骑行和公交的投资,[27]在波尔德,有95%的主干道(这一类道路往往对骑行者危害最大)已被改造成自行车友好型道路,现在看来,改造之后的状况和预期完全相符。类似的情况也发生在西雅图、芝加哥、麦迪逊、明尼阿波利斯等其余的地方1现在我们可以肯定地说:忽略骑行者的城市道路投资不可能取得最佳的效益。

5.2.3 嗨!我在这儿骑自行车!

在纽约,街道空间一直是人们争论的热点,所以你可以想象当迈克尔·布隆伯格市长的下属——交通局局长珍妮特·萨迪克(Janette Sadit-khan),开始将汽车的机动车道改为自行车使用时,在城市中引发了多大的轰动。在曼哈顿是一回事,如果是布鲁克林呢?那简直是自找麻烦。

事情是这样的:展望公园西区(Prospect Park West)里的一条汽车道被改为自行车道。结果在工作日骑自行车的人数增加到原来的三倍,超速驾驶比例从75%左右下降到17%以下。伤亡事故的数量比上一年减少了63%。有趣的是,车流量和行驶时间几乎和之前一样(南行车流还快了5秒),而且没有对附近街区造成负面影响。[28]

---

1 "美国自行车友好城市排行前50名",bicycling.com。例如,芝加哥的拉姆·伊曼纽尔(Rahm Emanuel)市长在他第一个任期期间许诺每年增加25英里的自行车道。西雅图正在实施一项长达十年、耗资2.4亿美元的自行车计划,暨时将会增加450英里的自行车道。

这听起来很棒，不是吗？然而就在此书编写之时，萨迪克本人就因为试图长期推行这个成功而受欢迎的试点项目而被自诩为"优化骑行道的友邻"（Neighbors for Better Bike Lanes）的组织"传唤"（这个组织的名字十分讽刺，读者不妨将"优化"理解为"消灭"，就会明白讽刺之处了）。其他反对者还包括马蒂·马科维茨（Marty Markowitz）区长，他把自行车道看作是"对那些因为谋生和出行方便而更倾向于拥有或需要使用汽车的人的歧视。"[29] 马科维茨先生还不无调侃地将一个关于自行车道的卡通漫画放进自己的圣诞贺卡里，自行车道两侧画着满满的道路，有坐息专用道、步行专用道、节日狂欢专用道，当然汽车道是最狭窄的。漫画还有歌词，曲调和"我的最爱之物"这首歌一样：

> 散步的、负重前进的、溜冰的还有慢跑的
> 节日专道只是为蛋酒爱好者准备的
> 但是我们都别忘了汽车——它们快变疯了
> 欢迎来到布鲁克林，"布满自行车道的城市" [30]

如果这个抨击是无效的话（事实上它也似乎缺乏站得住脚的数据），展望公园西区会继续比以前多服务近 10% 的通勤者，遭受生命危险和伤害的风险同时也会大大降低。我们只能希望马科维茨敢于面对事实，接受他所服务的民众的意见，毕竟选民中支持自行车道的比例高达三分之二。[31]

展望公园西区的争论只是纽约自 2006 年来新建 225 条自行车道的一个缩影，而且，将来还会建更多的自行车道。这些自行车道的建设促使骑车通勤人数大量增加，从 2006 年的 8,650 人上升到现在的 18,800 人。单单是过去一年，骑行人数就上升了 14%。[32] 奎尼匹克大学的一项民意调查显示，支持在城市里铺设自行车道的人数比例每年都有所上升，在 2011 年的时候达到了 59%。¹ 当然，其他的纽约人依然讨厌自行车道。

5.2.4 多安全才算安全？

我们知道自行车城是比较安全的城市。但是它是否值得我们放手一试？我们看到的有关数据可能是鼓舞人心的。安全专家肯·季福尔（Ken Kifer）发现，"行驶相同的距离，骑

---

1 安德里亚·伯恩斯坦（Andrea Bernstein）报道，"纽约市的骑行人数从 2010 年开始就已经超过 14%，总体支持率上升"，transportationnation.org，2011 年 7 月 28 日。骑行的支持率已经从 2010 年的 56% 上升到 2011 年的 59%，和纽约无车族所占比例相符（2010 年美国普查）。

自行车导致的伤亡的机率是开车的 19 至 33 倍"。季福尔的研究结果才发表不久，他就在骑自行车时被汽车夺去了生命。[33]

当我在华盛顿骑自行车时，我尽量记着季福尔故事的教训，因为人们经常为了不减慢速度而抄近路。和许多骑行者一样，我将红灯看作让路标志，遇到停车标志亮时加速通过。由于这个习惯，我九年里只遭遇过一次死里逃生的危险时刻，那是在一个四向停车标志前，同我一样险遭不幸的也是一个跟我倾向相同的骑行者。那次经历让我思考"人力交通"的有益之处是否被过度宣传，它是否会被偶尔发生的意外事故抵消。我难道真的愿意为了瘦十磅而把手腕伤了？

我知道只有英国学者迈耶·希尔曼的一篇论文论述过这个话题。基于英国工人的研究，他得出的结论是，骑行对健康的益处与对生命的威胁相当于 20：1 的关系。根据希尔曼的估测，经常骑自行车的人的身体比不骑自行车的同龄人年轻十岁，[34] 就其健康状况的改善而言，骑行可能造成的伤害几乎可以忽略不计。这个结论是令人欣慰的，但是要知道那是在英国，进行研究那个小城很可能已经形成成熟的自行车文化了。

对世故的司机而言，既有的骑行人口，似乎是影响骑行安全的最大因素。从一个城市到另一个城市都说明了一个问题，即众志成城就能改变现状。纽约自 2000 年以后骑车人数上升了 262%，同时伤亡率下降了 72%。[35] 在波特兰，骑车的人数增长了四倍，撞车事故率也随之下降了 69%。[36] 加利福尼亚州的戴维斯被誉为"美国的单车之都"——那里七分之一的出行都是靠自行车完成——但是戴维斯市在加州 16 个规模相似的城市中自行车事故死亡率最低。[1]

当然，我们与荷兰相比还有相当大的一段差距，尽管荷兰人骑行时连防护头盔都不需要，但骑行导致的死亡率却还不到我们的三分之一。[37] 这一数据让一些美国骑行者甩掉头盔，仿佛拂过发丝的清风能让他们感觉这个城市奇迹般地变成了阿姆斯特丹。这样做并不妥当！尽管最新的研究指出：汽车经过不带头盔的骑行者时会退让出更大的距离——顺便一提，戴着金色假发的骑行者甚至会得到更多的退让空间。[38] 这一风险平衡的最新解释掩盖了更重要的事实：63% 的自行车死亡事件是头部受伤导致的。[39]

结语：摆在我们眼前的似乎是两组相互矛盾的数据。如果骑行比驾车危险 19 至 33 倍，但（在可骑行城市里）骑车对健康的益处相当于风险的 20 倍，那么我们也许能认为骑行的

1　杰夫·梅普斯著，《铁马革命》，23，28。此书把戴维斯比作"被现实包围着的十平方英里乐土"（P 135），而且戴维斯的行人和机动车交通事故死亡率还是被研究的 16 个城市中最低的。

风险和益处相互抵消了。就这场争论来说,最重要的现实情况是:骑行安全在很大程度上取决于骑车人数,旨在令更多人骑自行车的政治诉求需要推动城市自行车网络的设计。这种政治诉求有可能会导致一些违反直觉的结论,后文即将为您说明。

5.2.5 我和驾车式骑行者存在分歧

不久前我还反对在市中心铺设自行车道,这很大程度上是因为自行车道会把已经过宽的街道变得更宽,鼓励汽车开得更快。因为不言而喻的原因,我最近改变了看法。我几乎从不改变自己的见解,但我也有充分的理由去期待自己态度的改变使我交一些骑行圈的朋友。所以,想想我有多惊讶吧——当我递交了为爱荷华州达文波特市的建议后,我很快就接到一封转发来的电子邮件,摘录如下:"这不就是他用来搞垮俄克拉荷马市的那种方法吗……他还没把问题搞清楚就开始定义问题了。因为他眼里只有自己的车道……这都是骗人的万金油!"呀,怎么会这样!我以为你们大家都喜欢单车道呢!带着满腹疑惑,我和城市骑行专业顾问麦克·莱登(Mike Lydon)就此进行了交流。正是那时我才知道有一种让人着迷的叫作"驾车式骑行"的技术,而且其追随者影响仍不可小觑。

在很多城市,如果你去学习自行车安全的课程,很可能是由一位驾车式骑行者为你授课。本质上来说,你将被告知在骑行时把自行车当做汽车——尽管你的车速很慢。这包括"宣示你的车道权",在道路中间骑行,只有当有足够空间时才让汽车通过。用骑行方式创始人约翰·弗里斯特的话来讲是:"驾车式骑行者不仅仅外在表现得像开汽车的人,他还知道他骨子里就是一个驾驶汽车的人。他并不觉得自己是汽车道的入侵者,而是觉得自己也是驾驶汽车的人,只不过开的车有点不一样。"[40]

弗里斯特的动机主要是考虑到骑车者的安全,他打心底里认为保障安全的最佳方法是:任何时候都让人知道自己合理地占据了部分道路。但是,他似乎也觉得与驾驶汽车的人相比,骑自行车不应该低人一等。因此,像罗伯特·赫斯特说的那样,"弗里斯特的改革运动总是主要针对自行车道以及'骑行者就应该(就像弗里斯特说的那样)'被拨到一边'以为机动车让路'的观念。"[41]弗里斯特和他的追随者都认为专设自行车道的做法比"隔离但平等"的种族隔离做法还要糟糕,并且必须从城市景观里消失。结果他成了美国梦联盟这个自由主义组织的"红人",和支持修建公路的人一起坐在议长局的位置上,确保用于高速路的交通预算一个子儿也不会少。

驾车式骑行的最大问题既不在于它的政治倾向,也不在于它尚未受到质疑的相关安全问题,而是在于它为谁争取利益。约翰·普切尔和拉尔夫·比勒在他们的重要论文"骑行属于小众还是大众"中总结了这一困境：

　　在驾车式骑行的模型中，骑行者必须不断地评估交通的实况：回头看，发出恰当的信号，调节旁侧的距离，调整速度，时而堵塞了车道，时而又退让避舍，总之是一直试图融入交通"舞蹈"中。研究表明，大部分人觉得在这种"舞蹈"中缺乏安全感，就算是一个小差错也可能是致命的。儿童、妇女和老人被排除在这种骑行之外。虽然有一些人，特别是年轻人，可能会发现这个挑战很刺激，但是对于大部分人来说它充满压力且令人不愉快。这就不难理解，为什么美国过去 40 年里一直使用的这个骑行模式会导致极低的自行车使用率。[42]

　　矛盾就在于此。驾车式骑行也许是最安全的骑行方式，但同时也是一种最排外的方式。驾车式骑行最理想的代言人大概是我在达文波特遇到的一个哥们，他甚至激进到把自行车车座拆掉。我怀疑下一步进展就是穿上人字托，在屁股上纹上"中坚力量"四个字。

　　像数据表明的那样，如果骑车安全很大程度上取决于骑行的人数，那么任何阻碍骑车人数增长的技术手段都不可能是安全的。杰夫·梅普斯写道：弗里斯特"不认为骑车会变成美国的大众交通方式，并且他觉得这无所谓。"[43] 现在，随着越来越多美国人骑车出行，是时候向驾车式骑行者展示市镇以外的自行车道了。更重要的是，是时候去建造不仅仅供骑行者共享道路，而且还能鼓励和方便他们共享道路的自行车设施了。

5.2.6　自行车道、隔离道和共享道路

　　也就是说，反对自行车道的呼声依然响亮。因为道路越窄就越安全，而且对潜在危险的警觉能让道路使用者谨小慎微，所以加设自行车道会让街道变得没那么安全。不同国家的一些研究支持了这个推测，这在汤姆·范德比尔特（Tim Vanderbilt）的著作《交通》（Traffic）里也提到过。这些研究发现"当没有自行车道时，驾车者会与骑行者保持更远的距离。那白色的自行车道标志似乎成了让司机大意的一个潜意识信号——他们要注意的是车道的边沿，而不是骑车的人。"[44]

　　这个经验告诉我们，大多数自行车道都不需被标识出来。然而，无标志的自行车道对于骑车的人毫无吸引力，大多数城市也缺乏足够数量的骑行者来保障骑车安全。出于这些原因，我认为比较明智的做法是，不需要在每个地方都标出自行车道，而是把标识合理地设在真正有需要的地方。

　　那么是在什么地方呢？这个棘手的问题能通过一系列比较简单的问题来回答。第一个

问题是，能利用多余的车道空间建造自行车道？正如布鲁克林那样，将机动车道换成自行车道并不一定导致机动车效率降低。这跟前面章节的"道路瘦身"道理一样：将四条车道换为三条车道和两条自行车道，并设置中心掉头车道时，几乎不会减少汽车通行容量。

然而在某些情况下，将机动车道换为自行车道确实会让驾车者慢下来。但是这可能是值得的，尤其是在街道与重要的自行车道平行的情况下。记住这点很重要：在一个健康的街道网络中，平行的道路会互为补充，交通流能理性地自我调整。因此，分析任何一项可能发生的影响时不能只盯着有问题的街道，而要放眼于更大的系统。当然，大家已经知道减少道路容量就会减少交通量，所以这里真正的挑战不是技术上的，而是政治上的。

另一项增设自行车道的好方法和好理由是对现存过宽的道路进行改造。我们在洛厄尔市曾经这么做过，那里有一条街道被错误地按高速公路标准进行设计，有（四条）12 英尺宽的机动车道和（两条）8 英尺宽的停车道。这些车道和停车道将分别被改造成 10 英尺和 7 英尺宽，从而让出 10 英尺宽的自行车道。因为标准自行车道的宽度是 5 尺，所以我们能够在往返两个方向各加一条自行车道。这个改变不但不会影响道路的交通容量，还会鼓励更安全的车速。

但是，谁也不喜欢 5 英尺宽的自行车道紧挨着汽车门。所以，下一个问题就是有无足够的空间去建造一条隔离道（separated path）。这样的配置一般需要至少 11 英尺宽的路面，用来建造两条 4 英尺的相邻车道和一条 3 英尺的缓冲带。布鲁克林就采用这样的配置。如果你没见过，那么可能需要点时间去适应它。它们位于路缘石和路边纵列式停车道之间，延伸到了街道上，缓冲带上有条纹标志，通常还配有立柱。一旦习惯了这种自行车道，你就很难回过头来使用以前那种平淡无奇的自行车道了。我的妻子宁愿多走 3 个街区以使用我们社区新建的隔离道。隔离道沿着原来一条四车道单行道的一边铺设，这条大街在减少一条 11 英尺宽的车道后依然运行良好。哥伦比亚特区的规划监督特使哈丽特·崔格灵（Harriet Tregoning）是一位传媒大师，她比喻道：铺设了隔离道的街道就像铺设了"额外的车道"。

最后一个要探讨的问题是自行车道会不会妨碍街道坚守本质。尽管利用现有的零售主干道来设置自行车道是合理的，但是不应该让自行车道替换掉沿街的停车空间，也不应该在汽车与商店间设置障碍。因此，隔离道几乎不会出现在零售商业的环境中。所有那些条纹线和立柱可能传达了以人为本，环保低碳的信息，但是这仍旧是一个"移动"的信息，而不是对零售主干道而言更为合适的"驻留"这一信息。这一类街道的设计目标应该是创造出一种慢行环境，汽车和自行车都能以骑行的速度混合前进，并且相关无事。这种设施的技术术语叫作共享道路（shared route），大部分自行车道依旧应该是向众人开放，没有标注自行车道的街道。举一个极端的例子，居民区的死胡同绝不是铺设自行车道的合适地点。只有当车速达到 30 英里以上时，才需要专门的自行车道。

5.2.7　高级骑行

既然我们讲到了技术手段，那么就顺便提一提最近出现在街上的一些更加复杂的自行车道吧。如果你不是狂热的骑行爱好者，就随意跳阅本节好了。

最近广为应用的一项技术是"共享车道（sharrow）"，即汽车和自行车共享一条较宽阔的车道，如果路面靠右贴着明显的骑车者标志，则表明这是一条共享车道。罗伯特·赫斯特在《骑行者宣言》里极力推崇共享车道。他写道："共享车道并没有告诉骑车者和驾车者要专门做什么，这就是它的魅力所在。这是一门唤醒人们意识的魔术，而且正如我们所见，这是交通安全的根本所在。"[45]

当然，他是对的，但问题是所有标识都会逐渐消失。共享车道的标识似乎比其他道路标识消失得更快。很多北方城市每逢冬季都会对街道进行喷砂清扫，整个城市的共享车道标识用不了两季就会消退得无影无踪，留下的就只是一条超级宽阔的车道。因此，共享车道最适合于有些宽，但又不足以设置专门自行车道的街道，以鼓励和宣告自行车可以使用这个道路。以我的经验来看，如果机动车道的宽度接近 15 英尺，那么设置自行车道比共享车道要合适得多。

另一项有趣的开发被称作"自行车林荫道（bicycle boulevard）"。这种车道席卷了波特兰，踪迹遍布麦迪逊、图森、明尼阿波利斯、阿尔伯克基和加利福尼亚州的一些城市。要建造自行车林荫道，需要一条足够长、具有区域意义的街道，要限制交叉路口的通行以便自行车快速由一个街区驶向另一个街区。居民们可以开车进入街道，但很快在交叉口被导入另一个街道以减少自行车林荫道上的穿越式交通。如果你较真的话，可以算好每个路口信号灯的时间间隔，使自己的车速保持在普通骑行十二英里的时速，[1] 到最后你便会成为所谓的绿波交通（green wave）中的一员。自行车林荫道上的绿波交通对波特兰的自行车通勤和骑行文化有巨大贡献。显然，它们应该被限制在城市的住宅区中，的确住宅中的自行车林荫道物业增值，就像"自行车房产经纪人"会告诉你的一样。

1　梅普斯，《铁马革命》，第 81 页。由于这个计时交通灯只会增强一个方向的车流，所以这些设施都是用来缓解高峰时段进出的通勤车流的。

终于，欧洲开创另一种建设自行车设施的方式已经在美国的土地上扎根：城市自行车共享。在经过几十年的大多以失败告终的小规模尝试之后，这个概念终于流行起来了，这在很大程度上得益于新技术解决了早期出现的缺陷。最为著名的自行车共享范例是法国的自助自行车租赁系统 Vélib。这个系统包括 2 万辆自行车。尽管事实上 80% 以上的自行车已被损坏、被弃置于塞纳河或被运到非洲，[46] 但它还是被认为取得了巨大的成功。与中国杭州的自行车租赁系统相比，法国的 Vélib 就相形见绌了。该系统自行车站之间仅仅相隔 330 英尺，自行车数量多达 60,600 辆，而且无一被盗。[47]

最近，华盛顿哥伦比亚特区在美国率先施行大规模的自行车共享活动，首都自行车共享活动中亮红色的自行车已变成特区都市生活的必需设备。它的运行机制是这样的：你在智能手机上查看附近的自行车共享站，确认是否有可借用的自行车。该市目前有 114 个站点，共1,100 辆自行车。走到自行车站，插上钥匙，推起自行车，然后就可以出发了。首半小时是免费的——这段时间已经足够让你到达该地区的任何一个角落了——之后的每分钟就要收费5 美分。价格会逐步攀升以防止一整天都租用同一辆自行车，90 分钟后价格达到每小时收费12 美元。当到到达目的地附近时，你需要找到另一个自行车站——再次查看你的智能手机寻找空余的车位——还车，然后你就完成了一次自行车租借。

由于这个系统的方便性和特区不断提高骑行舒适性，这个项目得到了公众的大力支持。[1]仅一年之后，该项目就吸纳了 1.4 万名年会员，及超千万的日会员。[48] 首都自行车共享活动的会员在 2010 年的 8 月里有几乎近 150,000 次的出行，而且那时正是哥伦比亚特区历史上最闷热的四周。[2] 作为对项目成功的回应，资助者希望在往后几年内建造一个超过五千辆自行车的区域性系统。[49] 在波托马克河的另一边，弗吉尼亚的阿灵顿，已经投入使用的自行车站有 14 个，还有 16 个即将开放。[50]

华盛顿是首例，但是相似的项目现在已经在其他一些城市准备就绪——或者即将就绪——包括秉承了持续发展理念的城市（纽约、旧金山等）和一些意想不到的城市（圣安东尼奥市、得梅因市）。[51] 自行车共享计划的实施费用并不便宜。华盛顿花了 500 万美元用于启动项目，每年还必须花几百万来维持项目的运营。这意味着华盛顿特区花在每辆自行车上的支出迄今已经超过 6000 美元，就算大部分的钱出自他人，但这看起来也实在是

1　当地一些自行车商店起初还害怕由此引发竞争，但是他们现在都为销量的上升而庆祝。销量大幅度上升主要是因为参加首都自行车共享项目的租车者决定拥有一辆自己的自行车。

2　我们只能假设这些骑自行车的人是在下坡骑行，因为单车共享项目的工作人员往往是用货车将自行车从低海拔的地方收集起来再重新分配的。

太夸张了。有部分的钱能靠出售广告位补回来，但是这个系统绝不会收支平衡——也不会要求它这样。就像高速公路和轨道运输系统，自行车交通也需要公共投资才能取得成功。既然将驾车人和乘客都变为骑车者能获得改善生态环境和身体健康的双重益处，而且还因此节省了公共支出，那么这六千美元确实是一个比表面看来更划算的交易，并且就城市宣传效用来说更是如此。

5.2.8 别太贪心

我心里十分肯定很多自行车拥护者会认为本章的对策极其不当。什么？ 5 英尺宽的自行车道？他们会提醒我哥本哈根的自行车道至少有八英尺宽，还会引用波哥大的恩里克·潘纳罗萨的话："如果一条自行车道对一个 8 岁儿童来说是不安全的，那么它就不是真正的自行车道。"[52] 很多人会对我提出隔离道以及自行车林荫道最好不要建在商业区里的建议感到惋惜。从自行车倡导者的角度来看，这些批评当然是有理有据的。

可是我们必须清楚，自行车倡导者是"专家"（即只关注自己特殊利益的群体）。和在城市里铺满高速公路的公路专家一样，这些专家经常狭隘地关注于公共领域中他们想关注的事物，有时甚至不惜以他人的利益为代价。因此，从这种意义上来说，专家们是城市的"敌人"，即有利益诉求的团体。让我们稍微想想，如果我们把典型的美国城市主干道重新设计成专家们喜欢的样子，会发生什么事情？

首先，我们需要至少四条通行车道和一条中间掉头车道才能让交通工程师们开心。而且每条车道都要有 11 英尺宽——不，等等，设为 12 英尺吧，因为消防队队长可能希望在超越公共汽车时不用减速。为了让商家满意，我们还需要在街道两侧都设置斜向停车位（又要加上四十英尺的宽度），还要在街道两边的路缘石边上留出 8 英尺的隔离自行车专用车道来满足一些人（大家都猜得到是谁吧）。然后，我们还要挖两列宽十英尺的植树沟来满足城市绿化者，而且也要为人行道拥护者加上两条至少宽二十英尺宽的人行道。你在算这个账吗？现在我们的主干道已经超过 175 英尺了。这样的街道比一般街道的两倍还要宽，完全能用作大型喷气式飞机跑道了——这当然有利于商业活动。

我这么说的寓意在于：要使我们的城市变得更好，并将城市的运营成本控制在我们能承受的范围内，那么我们所有人都要作出让步。贪心的代价太大，而且也会让你在自欺欺人之中不了了之。在纽约市，甚至有人在布鲁克林的金沙街建造了令人惊讶的"自行车专轨（cycle track）"。这个建在马路中央的大型设施每英里就花了纳税者 1300 万美元，几乎相当于有交通信号灯保护的普通自行车道的十倍，或者相当于标准隔离道的一百倍。[53] 假定预算有限，那么我们还会以一百英里隔离道的代价去建设一英里的自行车专轨吗？

一个明智的鼓励自行车出行的规划应着眼于让自行车能去到城市的每个角落。这些自行车出行有些是在隔离道上，有些是在自行车道上，大多数是在车速较慢的车道上和汽车混在一起行驶。有的自行车甚至会走在人行道上，而且令人惊奇的是在很多地方这还是合法的。我们梦寐以求的是把骑车者送到他们要去的地方，而不是把每条路割出一小块并扎上蝴蝶结送给他们。

这就是说，我们要尽心尽力地打造适合骑行的条件，尤其在划自行车道标线的时候。如果证据属实，那么自行车道——特别是隔离道——最基本的作用便是固定骑行者的行车路线。但更重要的是，它们也传达出一个信息。沿街而设的醒目绿色条纹会让居民和潜在居民知道：这个城市支持多样的交通方式，倡导健康的生活方式和骑行文化，而且欢迎接纳骑自行车出行的人群。这些人大多是千禧一代并且有创新性，他们有助于这个城市兴盛繁荣。因此，就算城里的人都没有自行车，铺设一些时髦的自行车道也许仍不失为一个不错的主意。或者你也可以马上搜索"裸骑"（Naked Ride）的信息来了解是怎么回事。

第六章　实现步行的舒适

6.1 打造适宜的空间形态

围合空间；对建筑单体的盲目崇拜；小空间更怡人；舒适的步行环境与天气无关

蛇会让你感到不安吗？别不好意思，那不是你的错。几千年以来，你的祖先对蛇的恐惧已经根植于你的潜意识之中。要不然，祖先的血脉也不会延续到你这一代身上造就独一无二的你。

我们可以用同样的道理来解释为什么人们需要建筑围合的封闭空间。乍看，这与大众的认识相反，毕竟大多数人都喜欢开敞的空间、开阔的视野、阳光明媚的户外。但作为行人我们还会享受并需要一些封闭的空间以带来舒适感。进化心理学家告诉我们各种动物是怎样寻找瞭望地和庇护所的，前者让你看到你的猎物和攻击者，后者让你知道你的周身是安全的。瞭望地和庇护所原理解释了为什么当我初次搬进华盛顿的新公寓时，我的猫会跑到（开放式）厨房角落的冰箱上。

人类对瞭望地和庇护所的需求起源更加特别。生态学家奥德姆（E·P·Odum）指出，在早期，人类理想的栖息地并不是绿地或森林，而是两者接壤的边界，即"林缘"。"林缘"既有开拓的视野，也能提供现成的围合空间。北卡罗来纳大学的托马斯·坎帕内拉（Thomas Campanella）指出，对"林缘"的记忆也许可以解释为什么诸如柱廊、凉廊、游廊、阳台、甚至门廊等建筑和城市元素能唤起人们"林缘"空间感的建筑和都市生活元素那么引人入胜，使人感到舒适。[1]

6.1.1 围合空间

从生态学的角度来看，大部分美国城市提供的绿地过多而森林太少。几千年来，人类对庇护所的需求已经深深印刻在我们的基因里，这让我们在边界明确的空间里感到更加舒适。但现在，这些空间的边界却消失得无影无踪。忘了麦德逊大道的标志性形象吧，那里的街道被高耸的塔楼围成峡谷。一般的美国城市都极其缺乏围合空间。在这里，我指的不仅是讨论购物中心的停车场，还包括城市中心区。在市中心，大量建筑被拆除后几乎总是被地面停车场所取代。

我记得1998年，我帮安德烈斯·杜安尼重新设计巴吞鲁日的市中心的时候，我们被带到最高的银行大厦上俯瞰整个城市，看到有大量建筑项目正呈现眼前——市中心限高规定已完全被废除——每一个建筑街区被至少三个停车区包围。其结果就是形成一个像跳棋棋盘似的城市，几乎看不到两侧围合能让行人感到舒适的街道。

　　建筑物高矮不一的各种规模的城镇里，本可大有可为的步行环境由于这些被规划师称为"缺牙"的地块已经变得令人生厌。只需一块"缺牙"，便能破坏步行环境。例如，亚克朗市已经花费了上百万美元来改善它的主干道区域，沿主干道建设棒球体育馆和运河公园，而商业区是城市可步行区域的核心。亚克朗市还增加额外的费用来建造巴尔的摩卡姆登码式的体育馆、场馆的商店面向铺设人行道砖的街道，上面装有历史韵味的街灯。但有人似乎忘记了正对面的地块，在那里，整整一英里长的连续建筑立面被一个 300 英尺长的停车场隔断。这个用一栋建筑物就能修复的市中心肌理小缺口在棒球比赛的时候可以为 60 位幸运的球迷提供停车位……但却要以牺牲大众所期望的主街的功能为代价。[1]

　　大部分的城市规划部门都意识到这些"缺牙"确实是一个问题。但是怎样解决呢？在亚克朗市，仅仅是半英亩的建设便可以扭转人们对市中心的印象，这说明城市建设明显没有把握好优先级别。很不幸，这个疏忽是一个典型的案例，大部分城市都低估了空间围合在城市活力中的作用。

　　事实上，很多城市以阴影研究为由竭力反对空间围合，并常常取消市中心高层建筑的顶部。就公共绿地和光照不足的北方城市如讲究通风和采光的波士顿而言，这可以理解。但是在围合的阴影能够给夏日步行带来清凉的迈阿密海滩，他们又是怎样做的呢？我们有必要通过"造型研究"来补充完善阴影研究。因为"造型研究"可以展示建筑如何很好地将街道变成空间。当这两者有机结合时，你就看到了温哥华：优雅的塔楼辉映着下方由裙楼围合而成的街道——又是一座适宜居住的城市。

6.1.2　对建筑单体的盲目崇拜

　　"温哥华城市生活"的成功向我们展示了如何顺利解决城市规划领域中持续了几十年的争论，即具体空间与单体建筑的关系。传统上，适宜步行的城市生活是基于具体的空间的。它认为，建筑物围合而成的空间形状是问题核心所在，因为这才是公共区域——公民生活的场所。在传统的城市生活中，为了营造出令人极为满意的街道和广场（也被称为室外起居室），建筑形状常常是奇形怪状、令人不满的。传统城市的空间形态十分慷慨地支持步行者的步行生活。看看巴黎的航拍图，你必定会惊讶，为了让建筑物塑造出令人愉悦的空间，有些建筑产生了巨大的扭曲。

1　亚克朗市核心区如此令人悲伤的原因是它已经走得太远——强调对历史建筑进行适用性改造利用，建设一座迷人的新艺术博物馆，一些令人赏心悦目的饭店和咖啡厅。只需关注少许几个人们不太关注的地点，中心区就可以上一个台阶。

　　然而与此相反，现代城市主义是建立在对单体建筑狂热崇拜的基础上的。对杰出的建筑师而言，创作类似于布朗库西或考尔德风格，悬浮在空中，具有立体雕塑感的建筑已成为份内的工作。由这样的建筑而形成的空间是残缺的，毫无意义的。大多数城市设计师现在意识到这种演变是一个可怕的错误。虽然大多数建筑师希望凭借设计标志性的单体建筑而登上著名建筑师杂志的封面，但是也公开地同意了这个观点。接着是明星建筑师们，他们中的大多数对具体空间毫不在乎。

　　当得梅因市市长弗兰克·考尼（Frank Cownie）针对该市的一个部分提出了一项基于温哥华模式的城市建设计划时，一场十分典型的争论悄然发生在市长研究所的城市设计室。一系列古怪、风格炫丽被标为红色的塔楼模型，坐落在一系列被标为蓝色的裙楼上。而以街区为基底的裙楼则塑造出优美的街道。"这是一项非常有趣的计划"，一位明星建筑师在办公室里说，"如果剔除蓝色区，你就会发现很多特别的东西。"

　　哇！首先，当设计师说某一件事物"有趣"的时候，那你就要提高警惕了。因为知识分子认为对漂亮和真理的看法是一种主观的表达，而"有趣"则是对事物的最高赞美的新说法，从而导致各种各样奇葩单体建筑在如雷姆·库哈斯一样的老顽童建筑师手中登峰造极。其次，说得更确切些，我非常惊讶地发现，尽管有那么多彻底失败的现代主义空间设计方案（代号：Pruitt Igoe[1]），在我们中间仍然还有一些人疯狂地拥护建筑单体城市主义。

　　现在已经是21世纪，我真想把那些讨人嫌的建筑师都做成石膏像收到永不能见天日的地方。但在这快速发展的十年里，至少在学术界，公园 – 高楼这种高层低密度的城市规划手法再一次上升到主导地位。他们这次利用哈佛大学和其他地方的主流思想作为幌子，即"景观城市主义"，表面上是最大程度地加强每个地方的自然生态，实际上却导致了对公共空间形态的漠视。我们再一次被放逐到大草原中——但至少这一次的大草原是由草坪组成。明星建筑师理所当然地崇拜景观城市主义，因为建筑之间的巨大间距使得各个雕塑般的建筑物都能以最好的姿态呈现在人们眼前。

　　我们可以用扬·盖尔的话来总结这个话题："如果一个规划师团队被要求从根本上减少建筑物之间空间的活动，那么他们最行之有效的方法便是采用现代主义规划原理。"[2] 盖尔显然没有看过巨蟒剧团的那场屠宰厂设计人员冒充建筑师的滑稽表演，[2] 但我们很难去质疑盖

1　对于不知情的人来说，Pruitt Igoe 是米诺儒·雅马萨奇在圣路易斯建立的备受赞誉的公园 - 高楼住宅项目，后来因为整个社会的崩溃而被遗弃和拆毁。虽然这个失败在一定程度上要归咎于管理不当，但大多数的人都认为这是城市设计无法给居住者提供归属感的结果。

2　请搜索"Monty Python Architect"。

尔的观点。证据表明，任何可让景观城市主义规划法则所带来的一切环境效益很快就会被拒绝步行的居民不断增加的汽车出行抵消。

6.1.3　小空间更怡人

扬·盖尔可能是世界上观察人类如何利用空间的权威专家。在《人性化的城市》这本书中，他指出了我们如何在温暖的天气中以接近每小时 3 英里的速度步行，在寒冷的天气中却能以每小时 3.5 英里的速度步行；他还发现，我们在步行时将头向前微倾十度；他还指出我们如何在 100 码的距离就能看清对方的动作，并且在 50 码的距离就能辨别对方的声音。[3]这些丰富多彩的行为观察对我们应该如何设计公共街道和广场产生了较大的影响，生活的经验常常告诉我们应该将它们设计得更小一些。他分享了一句格言，"当有怀疑时，就省去几米（码）"，并提醒我们，"如果在小餐桌上进行晚餐派对，节庆的气氛将会迅速形成，因为每个人都可以和坐在餐桌不同方位的人聊天。"[4]

这个比喻很恰当。看看美国那些备受喜爱且最成功的公共空间,如纽约的洛克菲勒中心、圣安东尼奥市的河畔街、旧金山的吉拉德里广场，你会惊奇地发现这些空间都是非常小的，基本不超过 60 码宽。¹ 还有迪士尼的主干道，按四分之三的比例仿造科林斯堡和马瑟林主街而闻名于世。市民委员会和规划委员会要求开发商建设更多的大片公共空间，但这些大片公共空间却常常不如小空间那样舒适，尤其是当其周围的建筑不是很高的时候。衡量一个地方空间、围合的关键在于其高宽比，所以只有当四周的建筑物相当高时，宽阔的空间才会给人带来围合感。²

盖尔对城市巨型物体的批判还涉及建筑高度。这一立场使得他在一些著名的城市思想家中脱颖而出。（Christopher Alexander）有史以来最畅销的建筑设计书《建筑模式的语言》（A Pattern Language）的作者克里斯多夫·亚历山大认为，城市的建筑应限制在四层楼高，并指出 "有充分的证据可以证明高层建筑令人疯狂。"[5] 博学多才的建筑师利昂·克利尔（Leon Krier）是卢森堡新城市主义运动的教父,同样坚决摒弃被他称为 "垂直死胡同" 的超高层建筑，并主张四层楼高的限制,认为这是一个适宜步行的建筑高度。这种想法被吉姆·孔斯特勒(Jim Kunstler) 等 "石油枯竭论" 的支持者所拥护，他们担忧（或庆祝）逐步增长的能源消耗最终将导致电梯停止服务。

1　时代广场的尺度：60 码宽。罗马纳沃纳广场的尺度：60 码宽。

2　正如《郊区国家》(78)中所讨论的,通常来讲,路面宽度与两旁建筑物的高度之比超出 6∶1 就会被认为违背了空间围合定义,而 1∶1 的比例历来被视作理想比例。

　　盖尔对高层建筑的抱怨源于他对公共领域的关注，事实上，只有住在低层建筑的人们才可以与街上的行人互动。他讽刺道："从逻辑上讲 5 楼以上的那些办公室和房屋应该归航空管理局管辖。"[6] 他指出，高层建筑会挡住 10 层楼高度气流的循环，导致"高层建筑楼底部的风速是周围开阔处的四倍"。他发现，在阿姆斯特丹雨伞能保护人们，但在高楼密集的鹿特丹市却是人们保护雨伞。[7]

　　盖尔和克利尔的观点可能都是对的，最舒适和最宜居的城市都像阿姆斯特丹和巴黎那样，基本都是在电梯普及使用之前建成的。当然更重要的是，这样的城市也是在汽车的大量使用之前建成，当然，以人为本的建筑体量同样也是重要的原因。然而更值得讨论是，高层建筑对可步行性的贬损是否抵消了它增加容纳能力所带来的可步行性提升？因为一栋建筑所容纳的人越多，就可能使得涌上街头的行人越多，曼哈顿和香港都拥有一流的可步行性，而那里看似没有人情味、楼底产生漩涡气流的摩天大厦似乎对街道生活几乎没有任何负面影响。事实上，我们非常有必要认识到，在曼哈顿城区里，正是因为沿街连续排列的高层建筑才形成了一个街区连着一个街区的临街店面。

　　正是因为这个原因，当其他一些城市设计师强烈反对高层建筑时，大部分经济学家却呼吁建设更多的高层建筑。当今，倡导摩天大楼最活跃经济学家当数艾迪·葛雷瑟（Ed Glaeser），他坚信摩天大楼对于在繁华的市中心提供可负担的住房至关重要，而克里斯·莱因贝格尔（Chris Leinberger）因敢于质疑华盛顿百年限高规定而为大众所知。经济学家的观点在理论上是正确的，但是他们似乎还不能完全理解城市设计师所知道的一件事情，那就是如何在一座高密度的城市中建设适当高度的建筑。在简·雅各布斯时期，波士顿的北区每英亩有 275 个住宅单元，但基本上一部电梯也没有。[8] 像华盛顿这样一座平均高度为 10 层楼的城市，根本不需要高楼大厦来增加步行密度。的确，在市中心和金融区之外，曼哈顿大部分充满活力的大街两侧都伫立着一连串紧密相连的近 10 层高的大楼。

　　最后，由于大部分城市跟纽约不一样，所以除了盖尔基于社会交往和静风环境的要求所提出的建筑高度要求外，实行高度限制还有很多更重要的考虑因素。一般的美国城市中心区并不需要高层建筑去支撑其大规模发展，即使是在经济发展的黄金时期也不需要。在大多数地方，挑战是完全相反的：市中心充斥大量空置的物业和停车场，缺牙使得步行非常不舒适。正如巴吞鲁日发生的事情那样，提高或废除高度限制的结果是单栋超高建筑坐落于一块大空地上，并吸纳了一整年土地开发带来的价值，但周围所有的街区却都变成了空地，或者被建成超高建筑的停车场。

　　此外，周边的地块所有者见识到摩天大楼开发商的成功，也开始土地投机。他们不会建一幢多层建筑，因为中多层建筑没有达到地块的极限容量。他们也不会以一个合理的价格将土地卖掉，因为这块土地"值得"建设摩天大楼。[9] 接下来可能发生的事你应该猜到了，就是所有潜在的城市开发商不得不到环城路边进行开发。

面对这种情况，我们不禁要深思哥伦比亚特区的限高规定对城市和可步行性何等重要。高度限制规定，建筑物的高度不得比其前面的街道宽度多 20 英尺以上，这使得很多新开发项目采取填充开发模式。这个策略为哥伦比亚特区一条条街道塑造了完美的城市生活，虽然有些地方的单体建筑应设计得更好。（一个一直流传的笑话是华盛顿是最优秀的建筑师产生最差的作品的地方）。最恰当的例子可能就是位于水门大厦东北部的 K 街社区了，在那里几乎没有一栋建筑是值得看第二眼的，但对于中意散步的人来说，由玻璃和钢结构建筑围合成的人行道却是非常怡人的。

这个事实是否意味着在一般的美国城市中建设摩天大楼总是一个非常糟糕的主意呢？不一定。只要他们采用温哥华模式：在大量的低层裙楼上建瘦高的高层塔楼。虽然与高大的建筑相比而言，瘦高的塔楼花费更昂贵一些，但是它能创造出高低起伏、富有韵律的天际线，而且也不会引起城市风场的变化。这样的城市设计还满足了开发商的诉求，只不过其出发点不是像莱茵贝格尔那样着眼增加人口密度，也不像葛雷瑟那样要提供可负担的住房，而是要出售豪华公寓。

6.1.4　舒适的步行环境与天气无关

在美国任何城市跟读者交流时，我总是会非常惊讶地听到这样的声音：相比于地球上的其他地方，他们所在的城市的天气在某种程度上不利于步行生活。他们忽视了夏天集聚到新奥尔良，冬天到魁北克市，雨天到西雅图，大风时跑到芝加哥东奔西跑的快乐游客……"人们不会在这里步行，因为天气要么太热，要么太冷，要么太湿，要么太大风！"

毋庸置疑的是，天气的确能对步行产生一定的影响，但是有证据表明其影响不及街道设计影响的一半。就此而言，我发现回答三个问题是非常有用的：（1）北美哪个城市具有最成功的步行商业街？多伦多。（2）哪个发达国家步行出行比驾车出行的比例高？瑞典。[1]（3）哥本哈根的街边咖啡厅一年有多少个月是开放的？ 12 个月。[10]

我们从上述城市学到的经验是：即使在冰冷的波士顿或者闷热的萨凡纳，沿着两旁商店林立的狭窄小街道步行，都比在圣地亚哥天气最好的日子里行走在停车场和汽车经销店之间

1　瑞典的比例是 29%，相比之下，美国的比例是 6%[源自普克尔和迪杰斯特拉（Pucher and Dijkstra），《让步行和骑行更安全》（Making Walking and Cycling Safer），27]。

的大街上要舒适得多。只要街道设计得宜，人们几乎在任何天气下都愿意步行。

6.2　植树

生命之树；树木最绿色环保；树的经济效益；在哪些城市栽种哪些树木？

我曾经在小哈瓦那工作，那里是迈阿密古巴裔美国人的主要聚集区，其主干道长拉奥乔"第 8 街"（Calle Ocho）（又称第八街）的两旁排列着上百栋单层房屋。每当开车穿过一条条街道时，凭第一印象我就能分辨出富人区和穷人区、治安好的和治安差的社区。有一天，景观建筑师道格拉斯·杜安尼建议我带着对树木的思考重游这些街区。尽管不清楚他暗示着什么，我还是重新游览了一遍。这一次，我发现富人区和治安较好的街区都有较好的绿化环境，而穷人区和治安较差的街区根本看不到树木的影子。

在有关可步行性的讨论中，最好不要偏爱某个因素，因为每一个因素都有其价值，但是美国低调的行道树可能会赢得我的最爱。行道树常常是预算中首先被削减的项目，但从许多方面讲它对提高行人舒适性和城市宜居性至关重要。行道树除了遮阴外，还可以在炎热的天气里降低周围的温度，截留雨水，吸收汽车尾气，遮挡紫外线以及降低大风的影响。树木不仅有助于降低车速，还可以通过树冠"收缩"树与树之间的距离增加了围合感。一排连续的行道树可使你的长距离步行变得没那么让人厌烦。

正因为行道树对可步行性能够产生如此强大的影响，所以它能显著提高物业价值和促进零售业繁荣。既然行道树能为当地增加税收，那么对于社区来说，若是没有在种植行道树上进行大量投资，就可以认为这个社区在财政上是不负责任的。

6.2.1　生命之树

我们已经知道树木对人类有益，这是大多数人都可以直观理解的，但这不妨碍我们作进一步研究。关于此研究最著名的案例是 1972 ～ 1981 年间在宾夕法尼亚州郊区的一所医院进行的调查研究：跟踪住在同一栋建筑中不同病房中的手术患者的术后康复情况。这些病房中有半数面向一堵砖墙（保持一定距离），另一半则面朝一排树木。所有其他因素保持一致。研究发现，住在面朝树木的病房的病人给出的负面评价更少，需要强力麻醉的剂量更少，发生术后并发症的可能性更低，并且出院时间平均提早一天。[1]

这个结果与罗杰·乌里希博士（Dr. Roger Ulrich）在德克萨斯农工大学的研究结果一致。

乌里希博士发现，"经实验室研究，看到树木的人能够在 5 分钟内从压力中恢复出来，具体表现为血压和肌肉紧张度的变化"。[2] 考虑到那么多通勤者都抱怨的交通压力，这个现象也许可以解释工程师沃尔特·库拉什（Walter Kulash）的发现：在行驶距离相同的情况下，行驶在没有行道树的道路上会感觉比在有行道树的道路上费时多得多。[3]

如果树木对我们如此有益，并且可以降低开车时的压力，那么显然我们要鼓励在道路两旁种植树木。但实际上却不是这样，因为交通工程师振振有词地声称人们开车时会撞上行道树。佐治亚州交通运输局禁止在州属道路两旁 8 英尺的范围内种植树木，用一个记者的话来说就是，"人行道是汽车的自我调整区，如果汽车转错了路，就可以在那里调整行驶方向"。[4]只是在最近，佛吉尼亚州的条例才不再将行道树视为"固定且危险的物体。"

显然，这种做法损坏了城市的可步行性，因为它只考虑了驾车人所面临的危险。这种做法在乡村高速公路两旁是有意义的，但是不加区别地应用在有行人道的街道则是不妥的。结果就是，柔弱的行人对行驶中的机动车的威胁要比坚硬的树木小得多。

针对这个问题，可以通过两个互补的策略来说服交通工程师提倡种植行道树。第一就是要使他们知道，将行人的安全等同于驾车者的安全是错误的。但这种方法未必总能奏效。因而更好的方法是让他们相信行道树不仅使行人更加安全，也有助于保护司机的安全。这个违反直觉的推断有一个重要的论据，而且似乎是正确的。由于风险平衡理论，司机面对宽阔的人行道时会超速行驶，从而会带来更频繁、更致命的碰撞。

对多伦多主干道的调查研究就发现了这样的情况，当沿着道路边缘布置行道树和其他垂直的物体时，该路段上碰撞事故的几率降低 5% ～ 20%（但道路交叉口的事故率相对没有受到影响）。康涅狄格大学的一项关于两车道道路的研究发现：尽管宽阔的路肩"从统计学角度能降低汽车碰撞固定物的单独事故发生率 [1]，但同时会使整体碰撞事故发生率显著提高"。最近，学者埃里克·邓博（Eric Dumbaugh）对比分析了四年来在奥兰多市 Colonial Drive 公路上两个不同路段的交通事故统计数据，结果发现：相比于有行道树或其他竖直物体的路段，路边没有行道树或其他竖直物体分布的路段交通事故概率高 12%，受伤事故率高 45%，致命事故率明显更高，达到 6：0。[5]

6.2.2　树木最绿色环保

一如既往，汽车事故是对身体健康的最大威胁，但是我们也不应该低估气温骤然上升

1　单独事故：指发生交通事故时仅涉及一辆机动车。——译者注

的热浪带来的危害，热浪现象越来越频发，每年都有几十个美国人因此丧命。用不了多久，我们的很多城市就可能遭遇像 2010 年莫斯科那样炎热的天气——那时莫斯科每天都有超过 700 人因高温而死去。当高温来袭的时候，我们肯定希望行道树郁郁葱葱。美国各地的温度记录显示，光秃秃的街道和有树荫的街道之间的温度差异达到华氏 5° 到 15° [6]，可以预料当气温上升到（华氏）三位数的时候，两者的温度差将会更大。这种现象被称为"城市热岛效应"，是城市生活带来的负面现象，但这种现象在很大程度上能够通过适当的树木覆盖率消除。根据美国农业部的数据，仅一棵茂盛的树木的降温效果就"相当于 10 台室内空调每天连续工作 24 小时"。[7]

我们依赖空调降温意味着缺乏树木的城市将会给全球变暖带来双重灾难，而且是彻头彻尾的恶性循环。这不仅仅是因为没有树荫的街区会促使全球变暖，还因为制冷所需的大量电力资源大部分来源于消耗煤炭的火力发电。一个有适当绿荫的街区相比于没有树木绿化的街区，其空调需求量要低 15% ~ 35%[8]。气候变化导致空调的需求量增加，从而引起碳排放的增多，最后又引起气候变化。城市里密集的树荫可以打破这个恶性循环。

但是，树木降低环境温度与它强大的碳汇作用相比还是小巫见大巫了。经济学家所说的"生态服务"中的树木吸收 CO_2 的能力是其他所有景观所不能比拟的。靠近道路的城市树木对汽车尾气的吸收比远离街道的植被要高出 10 倍，[9] 行道树把汽车尾气"劫持"下来，使其扩散不到大气层。所有的绿色植物都能吸收二氧化碳，但树木的吸收能力目前最强。英国莱斯特大学开展的一项研究发现，土地表面植被存储着超过 20 万吨的城市排放的碳，其中有 97% 以上的碳储存在树木中，而非地被植物——即使将英国大量的拥有丰富地被植物的花园都计算进去。[10]

这还仅仅是空气方面。那水呢？很多城市面临的最大且耗资最多的问题就是合流污水溢流（CSOs）造成的污染。在 900 多个美国城市中，其中很多是与我居住的城市一样的大城市，都采用旧式合流制收集雨水和生活污水。下大雨时（如今，大雨出现的频率越来越高），混流中的污染物就会涌入当地河道。2010 年夏天的一场暴雨致使得密尔沃基市超过十亿加仑的未经处理的污水进入密歇根湖。总之，环保署估计每年有超过 1.2 万亿加仑的污水溢出——"足够让尼亚加拉大瀑布持续咆哮 18 天。"[11]

在合流污水溢流早已司空见惯的华盛顿，我们看到了一些令人不安的后果。波托马可河中的雄性小嘴鲈鱼的性器官里长有卵子。这些非自然因素产生变性鱼在一定程度上要归咎于药物包括避孕药，这些药品被扔进（或者通过尿液排到）厕所后通过污水溢流排进河道。我们的饮用水来自于波托马可河，因此这也是我们的担忧。在马里兰，饮用这些水的人罹患癌症的概率明显高于国家平均水平。[12]

这与行道树又有什么关系呢？这么说，当一英寸的降雨量落在树冠上时，会发生这样的事：开始的 30% 的雨水会被叶子直接吸收，甚至没有一滴会落到地面。[13] 当叶子完全饱和之后，因为树根结构而产生的大量孔隙，多达 30% 的雨水将会渗透到土壤中。之后，树根又会从土壤中吸收水分返回茎叶，水分最后经过蒸腾作用回到大气中。一棵成熟的大树在这个过程中能够吸收大约半英尺的雨水。[14] 结果，树木覆盖率增加 25% 的社区，暴雨时的雨水排水量就会减少 10%。[15] 在很多美国城市，减少这 10% 的雨水量已经足够消除合流污水溢流现象。

由于缺少这些树木，而公众又希望种植，我们面临着巨大的财政挑战。纽约州预计在接下来的 20 年里投入 360 亿美元来解决这个问题。目前仅费城一个城市就筹备了 16 亿美元来防止合流污水溢流。[16] 在收入中位数为 1.8 万美元的西弗吉尼亚州惠灵市，下水道修理方案的支出预计达到每户 1.5 万美元。[17] 如果在 20 世纪 90 年代的时候每个家庭能够花 150 美元种一棵树，那么起到的效果将好得多！

问题在于从种植树苗到树木成熟需要几十年的时间，而我们的排水系统现在已经处于危机当中，你还妄想通过植树来解决问题吗？显然，迫切需要修复和升级的下水道很多，将来需要处理的下水道会更多。对于排水系统规划来说，20 年并不是很长的一段时间。对于现在和未来排水系统成本的任何明智分析都会得到"现在我们应该植树"这样的结论。[1] 但要求一个排水专家转去植树，和要求猪去飞差不多。我们需要有决策权的通才，比如市长，能够将植树放在第一位。幸运的是，植树甚至能够带来丰厚的经济回报。

6.2.3　树的经济效益

美国南北战争前的著名景观设计师安德鲁·杰克逊·唐宁（Andrew Jackson Downing）曾说过的一句话被广为传颂，"废弃社区居民的第一要务是动用一切可以动用的力量让街道两旁种满行道树。"[18] 在托马斯·坎帕内拉关于榆树的经典著作。《树荫共和国》中有一篇取自 1835 年《新英格兰农民》杂志的社论，表达了与唐宁一样的观点：

要求每一个城镇在公共道路两旁种植大片行道树，这难道不是一个值得议会关注的规定吗？……随着建筑周围和公共道路两旁树荫的增加，很多农场的价值将会提升 10% 至 15%。此外，树让一个地方看起来更富饶，这是其他东西无法替代的……再怎么宽敞和高贵的基础设施，

1　最近拜访由 DPZ 于 1989 年规划设计的位于马里兰州盖瑟斯堡市的肯特兰新兴社区时，我很高兴地发现，很多街道已被我们 20 年前栽种的树木覆盖。

如果没有树木的环绕和点缀，也会像监狱一样的黑暗……光秃秃的头顶并不养眼，同样的道理，没有行道树的街道也不美观。[19]

我们无从证实，当时评论员对房地产价值的估算有没有经济学研究的支持，但是，我们现在有这样研究而且结论与其相差不大。根据宾夕法尼亚大学沃顿商学院的一项研究结果，在费城的一个社区中，一栋房子周围 50 英尺的范围内如果种有树木，可以使得房价提高 9%。[20]

关于波特兰东区有着一项更全面的研究，尽管结果并不惊人，但总体来看还是令人叹服的。该研究对比临近种有和没有行道树的街道的房屋发现：临近行道树的房屋售价较售价中位数高 3%，即高出 8870 美元——相当于一个小卧室的价格。有趣的是，由于那里的房屋数量比行道树多，每棵树对房价的贡献竟高达 2 万美元。在整个波特兰东区，行道树给所有房子带来的效益竟达 11.2 亿美元。[21]

行道树带来的这些价值是如何影响整个城市的盈亏的呢？以整个波特兰市来推算，研究者发现茂盛的行道树每年可能给财政增加 1530 万美元的物业税收。波特兰每年用于树木种植和维护的费用共 128 万美元，回报与支出比为 12 : 1。[22]

如此高的回报率本应成为打造城市森林的"基本准则"，但就算这样，其效果可能还是被低估了。人们只关注房屋的价值，忽视了行道树对于提高城市商业收益的作用。最近的一项研究显示，绿树成荫的街道上的商店的营业额要高出 12%。[1] 我对这项研究的结果表示质疑，因为它要受到其他很多难以控制的因素影响。但是，很少人会否认，茂密的树冠能大大提升步行商业街的品质和舒适度。

不管在什么情况下，住宅数量应该是足够的。如果没有一个完善的碳排放税制，是很难将种植行道树的环境效益货币化的；由于树木需要很长一段时间的培育才能发挥它的环境效益，所以通过种树来减少洪涝灾害也难以让人接受。但可以明确的是，收益远远超过投入成本是一个城市制定各种政策的稳定基石。正是因为这样，其他城市也应该明智地进行像波特兰那样的调查，以便判断是否值得投入数百万美元去种植他们必不可少的行道树。[2] 我将种植行道树的投资称为"连绵树冠运动"，虽然我还没有成功说服任何一个城市去追求如此

1　丹·伯登（Dan Burden），《城市街道植树的 22 个好处》（22 Benefits of Urban Street Trees）。华盛顿大学所做的另一项 6 个城市研究中显示，如果产品是在绿树成荫的街道上购买的，那么购物者都会认为产品质量提高 30%。
2　为了在这方面给予支持，美国农业部的林务局开发了一个名为 i-Tree Streets 的软件包，可以从这个网址下载：www.itreetools.org/streets/index.php。

崇高的目标，但这个朗朗上口的口号你可以随意拿去用。

令我震惊的是，虽然连绵不断的树冠能够给城市带来巨大的且多种多样的好处，但是美国大部分的城市对它们的行道树一点都不上心。幸好，这种市侩的漠视并非普遍的现象，例如在墨尔本，过去的 17 年中每年新栽 500 棵行道树。[23] 就连走完一个社区都很难看到一棵树的纽约如今也计划在未来 10 年里种植 100 万棵树木，其中 22 万棵是行道树。但像纽约这样的植树行动是不多见的。[24] 大多数积极进取的美国城市仅仅是为了取得"美国树城"的称号，而怯懦地承诺花费人均 2 美元用于种植树木。显然，每一位市民只能得到一小撮橡树种子去撒播。

在华盛顿，先由特区政府种植树木，然后交给市民看管照料，在美国这是一个普遍的策略。如果市民们对此项策略的理解更加深刻，那么这个策略将会更加有效。我用了三年时间才偶然得知我是街道行道树的照料者。当我给自家的花园浇水时，也会顺道浇灌门前的行道树，但像我这样上心的人属于少数。不明确指定行道树的照料者而任其自生自灭显然是省小钱吃大亏的做法，特别是在贫困社区中。树木对于贫困社区具有重大的意义，但是那里的居民却没有条件去养护行道树。这样看来，既然投入精力种树，就应该同样投入精力去保证它的存活。这个花费将不只是人均 2 美元那么简单，这也是为什么市长既需要赞成还需要鼓励行道树的种植，因为植树可能是城市的一项最佳投资。

6.2.4　在哪些城市栽种哪些树木？

如今你决心去营造林荫大道，有几件事情是应该知道的。首先，对于南方的朋友们，不要种植棕榈树。你得知道，美国只有三座城市应该种植棕榈树，即棕榈滩、棕榈泉和好莱坞——在好莱坞也仅限于日落大道。关键的一点是，如果城市里已经有了棕榈树茂盛的林荫道，那就尽一切努力养护好它们。但你需要明白，棕榈树仅仅是用来装饰而已，它决不能产生与落叶树相同的环境效益。我在最近的一次调查中发现，佛罗里达州的大部分城市都没有吸取这个经验。[1] 紫薇树、云杉和其他长得像树一样的灌木同样不能产生与落叶树相同的环境效益，可惜很多城市还是把它们列入植树清单中了。

我的第二个建议就是，摒弃当前禁止在一条街道种植成排同类树木的做法。太多的美国城市由林木工作者操控，他们担心出现下一个荷兰榆树病。为了避免一种植物枯萎病毁掉整条街道，他们要求在每一条街道种植不同种类的树木。这个禁令虽然在逻辑上是行得通的，

1　顺带一提，对于迈阿密的棕榈树，我们还有另外一个术语，叫"飓风导弹"。

但它令城市不能像以往那样在同一条街道上种植同一种树木从而形成独特的街道景观。我们当中许多人是在城镇长大，这些城镇通常有榆树街、枫树街、榉树街、胡桃树街等以树命名的街道。与现在以开发商女儿的名字命名街道的做法相比，以前根据街道的名字来种树使得每一条街道都独具风情。想必费城的居民对这个话题很熟悉吧。

要是按照树种混合规定来看，那么美国大多数的名声卓著的街道竟然都是违背规则的。正如许多观察家们评论的那样，一条拥有一种成熟树木的街道就像一座大教堂，树的主干如同教堂庄严巍峨的柱子，而枝干则构成了教堂的拱顶。只有种植一种树种，且树木间的间距相同，才能形成这种令人心驰神往的街道。[1]

此外，当下一个枯萎病来袭时，毁掉十条街道中的一条总要好过每一条街道的十分之一都遭摧毁。因为在大多数的城市中，除非树木死亡相当显著和集中，否则没有人会知晓病害的发生。通常，只有当一整条街道都显著地受到病害影响时，城市才会下令重新种植树木。当枯萎席卷整条街道时，街道将重新种植树木，树木将再次长到先前的高度。

1　有一个折中的观点值得一提：在一个真正熟练的林木工人手中，街道旁可以种植两三种外表相同但实际上是不同品种的树木。

第七章　实现步行的乐趣

7.1　第九步：营造友好而独特的街容
7.2　第十步：选择能够成功的街道

7.1 营造友好而独特的街容

看不见的停车场；吸引人与不吸引人的边缘；对明星建筑师的批判；街道的多样性；令人厌倦的绿化空间

如果人们只需要安全和舒适就够了，那将会有更多的美国人愿意待在婚姻的围城中，愿意每天吃相同的晚餐，而我们也可以满足于营造适宜步行环境的前八个步骤。但是我们毕竟是人类，我们的动机更加复杂。除了这些基本的需求之外，我们还需要不断的刺激。行人在步行时不仅需要感到安全舒适，而且还需要感受到愉快，不然，有条件的人就会放弃步行去开车。

还有什么比停车场更无聊的呢？无论是任风吹刮的柏油路面停车位，还是被死气沉沉的墙壁包围的车库，如此不值得一看的景观对步行都毫无吸引力。

但是把很多美国城市的市中心变成让人厌烦的荒废之地的，不仅仅是停车场。几乎1950年以来建设的每个城市，都可以看到用粗糙的混凝土、有色玻璃或其他诸如此类的丑陋材料建成的冰冷的、毫无吸引力的临街建筑。虽然大多数建筑师已经对这种建筑风格失去了兴趣，但这并不能说明他们更积极地在建筑设计中将行人的需求融入进去。有证据指出，在行业领先的建筑师中，营造街道生活和维持预算和防雨一样仍然被排在建筑设计考虑因素的末端。

然而在大多数城市中，相比于明星建筑师，莱爱德公司（Rite Aid）[1] 更可能是破坏街道生活的元凶，因为这样的药店和其他全国连锁店为了摆置货架而不设窗户。只有城市摆脱乞讨心态（期待救世主）并制定相关法律去禁止这样的行为，才能消除这些不合理的店面设置标准。

最后，在促进可持续发展的过程中，城市需要记住，对普通行人来说，最平凡的店面仍然比最绚丽奢华的景观要有趣得多。决心提升步行品质，首先意味着绿化景观不可以肆意破坏都市的核心特质，因为正是这些特质才能够吸引人们来到市区。

7.1.1 看不见的停车场

如今处于第十个任期的南卡罗来纳州查尔斯顿市的市长乔赖利讲述了他尝试说服一位

---

1 译者注：美国来爱德公司（Rite Aid Corp.）经营药店业务。这家公司在美国设有零售连锁药店，主要提供药店服务，出售处方药和各种其他商品。

当地建筑师建设将一个新的停车楼设计得像查尔斯顿传统风格建筑的事。"我们从学校学到的是形式服从功能，"这位建筑师说，"所以这个建筑必须得有车库的样子。""我学到的也是那样，"市长答复说，"但是在查尔斯顿我们不需要这样做。"

现在这座室内停车场使东湾街景观变得优美，这得益于三项重要设计。首先，在一层面向人行道一面设置层高较高的商业空间，开设了大门和窗户，增添了人们的活动空间。其次，它将汽车坡道"隐藏"起来使其远离建筑的外缘，让它不再叫嚣"我就是停车场"。建筑周围的平坦停车区以后也可以改建为别的用途。[1] 第三，在楼顶层设置窗户大小的开口并安装查尔斯顿风格的百叶窗，利用这些细节修饰给人一种像是有人居住的感觉。这些百叶窗是关着的，不仅能使建筑与周围环境更好地融合，而且能遮挡停在里面的车辆。若不经仔细观察，你很难发现其实这栋建筑是为车而不是为人服务的。

在这栋停车场以西五个街区的地方，还有一个停车场也颇耐人寻味。这座更新更大的建筑物与市场街（Market Street）的后退距离是 25 英尺。在建筑的两个转角处，这个退缩的空间是两栋混合功能的建筑，从视线上遮掩了停车场。这两栋建筑充满魅力，其中一栋还是历史性建筑。它们的一楼有一间美容沙龙和一间宠物礼品店。两栋建筑之间沿街退缩的空间是一个进深较小的广场，作为 Chucktown 酒店（Chucktown Tavern）的露天餐厅，与 4 层停车场地面处于同一个水平面。

我们从这个车库的设计中学习到的是，利用仅仅 25 英尺的建筑退缩就能遮掩一个 250 英尺的停车场。确实，从步行街向停车场看，由于视角的原因，一栋三层高的建筑足够遮掩四或五层高的停车场，令这条街上的 300 辆车可以成功地消失得无影无踪。同样的技巧可以应用于地面停车场，而且费用更节省——使用一个小巧的木质建筑就能够掩藏数英亩的停车场。科德角的马萨皮柯摩购物中心是由传统的商业街改造而成的城市中心。通过修建的两个停车位大小的小型单层商店实现了这种改变。

像马萨皮的建设者那样明智的开发者们明白，隐藏停车位将大大提高零售业的销售额和房产价值。像乔·赖利这样睿智的市长明白，隐藏停车位可以增强市中心的吸引力和宜居性。而我们这些人则需要受到建筑条例的约束——决定哪里可以建设怎样的建筑的城市日常管理条例。通过询问一些简单的问题，就可以轻而易举地衡量城市规划部门的智慧：比如在市中心和其他潜在的行人生活区，城市的建设条例是否要求所有的停车场隐藏在居住建筑背后？

1　大多数停车场的周边都修有斜坡层，除了停车之外永远不会有其他用途。但是如果把斜坡布置在车库的中心，那么以后可以将它们改建成周围以平地环绕的采光天井。而这些平地则可以建成办公室或住宅。如果车库采用横向螺旋状斜坡，虽然造价会高一点，但更容易改建用作停车以外的用途。

7.1.2 吸引人与不吸引人的边缘

在美国，大多数领先的城市法规在涉及街道生活吸引力的问题上都浮于表面，深入探讨这个问题的就更是凤毛麟角了。这一点只需要沿着几乎任何一条主干道走一程就可以确信无疑。街道两旁的药房、银行和其他商铺要么将没有窗口的墙面对着人行道，要么在窗口贴满各种标志以遮掩屋里堆置的货架和其他杂物。这些常见的行为正好与我们所知道的令行人愉悦的做法相反。正如扬·盖尔所说："没有什么能比活跃、开放和生气勃勃的边缘对城市空间的吸引力和街道生活产生更大的影响了。"[1]

在《人性化的城市》中，盖尔谈论了"边缘效应"："无论人们要在哪里停留，总是会选择沿着空间边缘的地方。"[2] 他拍下了锡耶纳著名的田园广场的画面，那里的主要人行道两侧围着差不多一人高的短粗护柱，每一根护柱周围都聚集了一个或站或坐的人。这些简单的石柱如同人海的锚点，邀请人们在周围歇脚。通常来说，建筑物通透且深入的立面会达到上述吸引步行者和找地方歇脚的人的作用。就通透性而言，我指的是有窗户和大门，适当的室内照明，以及其他任何更好地将商店内部与步行道联系起来的做法。就深度而言，我指的是建筑物前方临街面为遮阳挡雨为庇护、倚靠、坐息和其他交往活动所提供的空间的大小，以及设计如何有效地模糊进出公共领域和私人空间的界线。

户外餐桌和人行道上的摆设可能是增加立面深度的两个最为常见且有效的因素。遮阳伞同样可以起到作用，因为它们可以为一个潜在的购物者提供一种类似于身处商店内部的感受。20世纪90年代初，安德烈斯·杜安尼与我和一位朋友共进午餐。这位朋友是一位零售业专家，当时为加拿大最大的一家房地产开发商工作。他的老板花巨资派他用整整一年的时间到全球各个地方参观几十个成功的购物区。我们问他："是不是在那些成功的购物区都有共通之处？"他马上回答说："你随时可以享用到遮阳伞。"

有深度的立面也有厚度。柱廊是否超出正立面的墙面？前门是不是嵌入式的？窗台是否结实可供人坐？或者是否有内置式的长凳？这些问题都是有价值的。作为一个艺术史系的学生，我总是对佛罗伦萨的美第奇府印象深刻，它周围有一圈石凳环绕。在文艺复兴时期的佛罗伦萨，街上常常出现持械殴斗，街道两旁的建筑都在窗户上设了闩，但是仍然适合路人坐下来休息。[1] 当我们建自家房子时，我在房子两侧设置了坐高高度的墙体，并在房子前门附近布置了一条显眼的路边长凳。你会惊讶地发现经常有人坐在那里，不必在意偶尔会有无家可归、叼着烟的精神分裂症患者会出现……这样做是正确的。

---

1 源自 Enigma 的第 6 张大碟《A Posteriori》。

扬·盖尔对成功市中心的观察甚至延伸到建筑立面的几何形状，他指出，增加垂直的线条，比如立柱所呈现的效果，使步行的距离感觉更短。"相反"，他说，"水平线更长的立面设计会使得距离看上去更长更累人。"他还说："有趣的是，在全世界活跃繁华的商业街上，商店和货摊的立面宽度通常是 16 ~ 20 英尺，这意味着每五秒的时间就有新的活动和新的景观出现。"[3]

不幸的是，大部分城市的建筑规范几乎不涉及这些对行人至关重要的设计要求，比如窗户与墙的高度比、遮阳篷的设置等。反而，这些规范关注的是某些令人抓狂的统计指标，比如容积率。这是很容易改变的，但是城市需要反思。墨尔本和斯德哥尔摩已经率先一步采用积极的建筑立面政策。例如，墨尔本的城市规范中要求"主干道上新建建筑的立面上 60%的面积必须是开放且吸引行人的。"[4] 很多新社区已经在采用这个设计标准，一些老城市也采取了同样的规范要求新建建筑塑造怡人的临街立面。

十几年前，在《郊区国家》这本书中，我和安德烈斯·杜安尼、伊丽莎白·普拉特·兹伊贝克主张用《传统社区发展条例》（Traditional Neighborhood Development Ordinance）取代以前常用的城市分区准则。[5] 这个条例最初是我的合著者们在 20 世纪 80 年代提出的，值得注意的是，它以关注建筑的物质形态取代了以土地利用和统计指标为导向的传统准则：比如建筑与地面、街道、天空的空间关系，如何处理公共领域到私人空间的转变，如何隐藏停车场。

自从《郊区国家》这本书出版以后，这个条例渐渐以"基于形态"的准则被熟知，数以百计的城市和小镇颁发了这种类型的条例。其中最出名的是 2009 年迈阿密市颁发的条例，最出色的一个版本名为"智慧发展准则（SmartCode）"，它被做成开源共享软件，可以在网上免费下载。[1] 这个文件是一个能使城市发展得更美好的综合性指导工具，几乎每一个正在发展的城市如果摒弃现有分区而采用智慧发展式类似的准则都会获益。但是，更换整个准则的工作量很大。就眼前来说，只要更新一些简单的准则，像墨尔本开放立面的规定，就可以给城市带来很大的变化。

在大多数情况下，修改准则涵盖两个过程：增加新规则和删除旧规则。1993 年，我和安德烈斯·杜安尼一起主持佛罗里达州那不勒斯市商业街第五大道南的复兴。我们注意到大部分商店的遮阳篷比雨伞大不了多少，这些袖珍小半圆并不能为炎热的人行道遮阴。我们查阅了建筑规范发现，超出特定尺寸的遮阳篷必须安装喷淋式灭火器以防火灾。这真叫人难以置

1　SmartCode 可以从先进横断面研究中心（the Center for Advanced Transect Studies）下载，网址：www.transect.org/codes.html。

信！首先我们就得将这条规定取消。

7.1.3 对明星建筑师的批判

自20世纪70年代以来，我们便踏上了一段漫长的路，那时每一座城市都努力去建像波士顿市那样的城堡式市政厅——一种只有建筑师喜欢的建筑体（是的，我喜欢）。这种建筑风格被称为粗野主义，据推测是来源于勒·柯布西耶的粗糙的混凝土风格，但其实这个名字的由来另有原因。粗野主义建筑的特征是墙壁极为粗糙，甚至可以割破手臂。幸运的是，这种技术不再流行，但很多建筑师，特别是明星建筑师，在和他们没有关联的地方仍然建造没有门窗的墙。我的老教授，西班牙的拉斐尔·莫尼欧（Rafael Moneo），可能算得上是毛坯墙设计师中的领导者，一位名副其实的混凝土建筑的科普兰。[1] 在他的工作室，跟我所在的建筑学校所有的工作室一样，没有人谈论过建筑需要为人行道创造生活气息。我们确实讨论过诸如建筑物立面厚度与深度的问题——以莫尼欧令人敬畏的语调来说，那意味着"弊病和毁灭"，莫尼欧带着令人敬畏的语调——但这些是建筑品质，而不是实用的功能。大多数建筑院校仍然倡导知性和艺术情感，却对建筑是否会支持行人活动这类平凡的问题毫无耐性。

这个话题是2009年阿斯彭创意节上，弗兰克·盖尔[2]和一位给力的听众弗雷德·肯特（Fred Kent）之间那场著名辩论的主题。管理公共空间项目的肯特尖锐地质问盖里为什么会有那么多明星建筑师设计的"标志性"建筑完全没有为其周边的街道和人行道营造生活气息。盖里被指曾用"我不去管内容（I don't do context）"[6] 来回应上述批评，但肯特并没有买他的账。我当时不在场，所以我们来看看《大西洋月刊》（The Atlantic）的詹姆斯·法洛斯对后续情况的报道：

但是当发问者追问时，盖里做了一件令人难以置信又难以忘记的事情。"你是一位自大的先生"，盖里说，同时做出藐视的手势，如同路易十四世用来示意冒犯他的下属退下去那样。他发出清晰的嘘声，以一种在后封建时代几乎见不到的姿势挥手示意质问者离开麦克风，视质问者为下级。[7]

显然，盖里的这一天过得很糟，但是可以认为他的专横傲慢代表了他的一些作品——不

1　科普兰，美国作曲家。祖籍美国，是第一位被认为有本土风味的美国作曲家。

2　弗兰克·盖尔，美国后现代主义及结构主义建筑师，作品包括迪士尼音乐厅，古根海姆美术馆等。——译者注

是全部，而是一部分。肯特很自然地回忆起他的儿子伊桑参观盖里的杰作古根海姆美术馆的经历：伊桑在公共空间项目网站的"耻辱榜"上对此进行了描述。伊桑无法找到美术馆的正门，并注意到了完全没有树木绿化、人烟稀少的广场，还目睹了抢劫案，后来他才知道这是司空见惯的事情。他补充说："在我们绕着博物馆打转的 10 分钟里，我目击了人生中第一次看到的抢劫事件——而我一直居住在纽约。"[8]

抢劫事件在纽约不再是很常见的事情，但是在毕尔巴鄂也一样——当然某些问题地区除外。古根海姆之所以跻身这些有问题的地方之列，盖里得负一部分的责任，因为他为了凸显建筑的最佳效果而将建筑周围的景观（多是小块土地）设想成为白纸一张。[1] 事实上，盖里非常擅长于设计有魅力的、迷人的景观，正如他设计的芝加哥千禧公园那样，但他却很少在建筑中这样设计，他的许多建筑设计并不具有亲和力。他设计的洛杉矶迪士尼音乐厅周长大约 1500 英尺，其中也许有 1000 英尺的立面都是那种最没有吸引力的空洞墙壁。

也许你会说，"毕竟这是音乐厅……它的墙壁不需要装饰"。好，那先看看巴黎歌剧院的四周，或者是波士顿的交响乐大厅，然后我们再谈谈。这些老建筑的外立面细部是非常迷人的，因此即使墙壁没有装饰也不令人觉得空白单调。在这些建筑周边散步是一件很愉快的事。

这个讨论让我想起了利昂·克利尔（Leon Krier）绘制的一组极佳的画作，分别从三个不同的距离展现了两栋并排的建筑。第一张画从远处看，我们可以看到其中一座是经典的宫殿，另一座是现代玻璃立方体建筑。宫殿有基座、中部和顶部，而玻璃立方体建筑用水平和垂直线条清晰均匀画出巨大的玻璃窗户。第二张画将视线拉近，宫殿露出它的门、窗和檐，但是玻璃立方体还是如同从远处看时一样：水平和垂直的线条。第三张画将距离推进到几步之遥，我们可以看到宫殿的装饰腰线、窗户的边框和支撑屋檐的椽条尾。而玻璃立方体的样貌依然没有变化。虽然三幅画带着我们一点点靠近这座玻璃立方体，但是视觉上没有什么变化。[9]

克利尔的这些画就是反对现代主义的有力论据。但这并不仅仅是风格的问题。我认为，任何建筑风格——除了极简主义风格——都有能力提供中观尺度和微观尺度的细节来吸引靠近或走过的人们。高技派风格的蓬皮杜艺术中心，借助装饰其机械系统的外表——为巴黎最成功的一个公共空间带来了生气。关键的一点在于建筑外部是否存在细节，而不在于这些细节是石雕师精雕细琢出来的还是冰冷的挤压机制造出来的。可惜大多数当代建筑师无法都理

1　城市规划者也同样有责任。他们曾与盖里一起合作以使得美术馆与周边的街区格格不入。

解这一点，或者明白这个道理却不重视。

7.1.4 街道的多样性

但是，如果街道景观缺少多样性，那么即便有再多宜人尺度的细节也还是美中不足，无论建筑外观如何优美雅致，也无法吸引步行者走上 500 英尺距离。正如简·雅各布斯所指出的那样，"即使只需要极少的体力，也几乎没有人愿意在千篇一律的街道中步行"。[1] 拥有宜人尺度的细节仅仅是成功了一半；更重要的是要有合适的建筑体量使得每一个街区在合理的情形下包括尽可能多的不同建筑物。只有这样，行人才能欣赏到来自不同设计者的丰富多彩的街道全景。

绝大部分建筑师似乎已经遗忘了这个事实，特别是建筑大家，他们的目标不言而喻，即要求尽可能多的地域范围来打造自己的品牌，即使这样带来麻木重复的街景也无所谓。建筑学校很少告诉学生人们对城市规划与建筑之间的区别存在很深的误解，以至于绝大部分的城市设计项目被视为创造巨大无比的单个建筑体的机会。像雷姆·库哈斯这样巨星级的设计师，他们在为眼花缭乱的巨大建筑单体的落成而庆祝时，已经把这种误解视为"原则"。[2]

公平地说，自负和对名声的欲望仅仅是产生这种导向的部分原因。还有一部分原因来自对学术诚信上的坚持。正如建筑需要承担"代表时代"的责任一样，它还必须能够"代表设计者"。对于一位大型建筑的设计者来说，假装多个不同风格的设计师简直就是篡改历史，特别是天才建筑师的现代谬见坚持认为"每一位设计师的个人风格应如同他的指纹一样独一无二"。我仍然记得（我怎么能不记得），评阅者在我的建筑学毕业论文的最终评审中指出，"我不明白，你设计的两栋建筑似乎是由两个不同的建筑师设计的。"在二十年后的今天，我幻想当时应该这样回答："请问先生，为什么不可以这样呢？"

当然还有一种更简单的方法来解决这个问题：放弃项目的一部分。当你遇到一栋"建筑"的规模刚好与一个建筑群一样时，赶紧召集你的朋友一起分享财富……在这些稍纵即逝的时

---

1 《美国大城市的死与生》129。她补充道："没有哪一种城市凋敝形式能像'死气沉沉的凋敝街道'那样具有毁灭性了"，并且"建筑就像文学和戏剧一样，人的差异产生的丰富性给人的环境带来活力和色彩"（229）。

2 库哈斯威风凛凛并且文笔优美。到目前为止已经用他令人信服的教条迷惑了整整两代建筑学学生。库哈斯在《城市主义怎么了？》一文中是这样总结他主要的工作的："表面上，城市的失败提供了一次异常宝贵的机会，一个尼采式乐观的借口。我们必须为城市另外设想一千零一种概念；我们必须冒着变疯的危险，我们必须敢于完全不加批评，我们必须吞食苦果并宽恕左右。把必然的失败当成我们的养料；拿现代化作为我们的强效兴奋剂。既然我们都不负责，那么我们就必须变得不负责任。"（Koolhaas, Werlemann, and Mau, S, M, L, XL, 959–971）。毋庸置疑，在把城市大门的钥匙交给他之前，你必须记住这段话。

刻，究竟有多少位建筑师愿意"这样做呢"——踏出这一步呢？只有极少数几个将城市规划和建筑视为同等重要的设计师才会做到。

发生在 2000 年年初的事情正是这样的，那时 DPZ 公司参与了重新设计位于罗马古城外南部主干道的著名景点 Navigatori 广场的国际竞标。这个项目占地面积大约 12 英亩，但要求建筑面积达到 50 万平方英尺。其他被邀请的建筑师有雷姆·库哈斯、拉斐尔·莫尼欧，拉斐尔·维诺里，另外还有三家意大利顶尖建筑公司。每一位建筑师都提出了带有个人风格巨型建筑设计方案。我们的策略稍微有些不一样。我们提议将地块分为 7 个不同的建筑单元，并且将每一个单元分给不同的参赛者负责，包括我们自己。我们写了一页的建筑形态规范，包括控制建筑体量和每个建筑的位置，并且告诫评标人，除了建一栋纪念碑式的建筑外，他们还可以建设一个多元化的社区。

接下来的事情是最有趣的。我到哈佛的设计图书馆找出每一位竞争者最著名的建筑作品的照片。我用渲染器处理了这些照片，用指令将这些照片放在相应作者负责的单元，并把成果提交给罗马的甲方做最后的评判。我们没有中标，但当我们的竞争者看到他们的建筑作品呈现在我们提交的透视图上时，他们脸上的表情的确让我们不虚此行。当他们知道我们竞标是为了跟他们一起分享这个工作时，他们似乎既愤怒、又感激、又尴尬。

既然只有极少数建筑师愿意与其他人共同分享设计机会或者像女巫一样假装拥有多种设计个性，那么就只好由城市负责去强迫他们这样做了。我为政府撰写的大部分设计规范都包括这么一段："我们鼓励更小的建筑单元设计，不要将超过 200 英尺的连续的临街面设计成好像一个建筑师设计出来的那样。"结合积极的立面政策，这样的规范准则可以使街道免于沦为简·雅各布斯所提到的"死气沉沉的凋敝街道"。[1]

最终，设计讨论沦为商务洽谈。在这个时代，房地产开发习惯制造出多样化的假象，当房地产开发的控制权实际上已经不理智地集中在少数强权者手中时，却要给人留下多人参与的印象。正如在新开发的郊区一样，个别的开发商被赋予大片土地的控制权，以至于这些土地的未来将完全取决于开发商的开发技术以及个人的雅量。

这种常用的开发模式当然是快速的，或许还是唯一能够在衰退的街区中快速重建的方式。但重建的代价很高，包括对建筑品质和多样性的影响。另外，这种作法还会带来巨大的风险，当整个重建项目的交易破裂，让你无处可归或者——更糟糕的是——建设带来了如此

---

1 我们的方案得分第二名，排在一位罗马建筑师之后，若考虑到地方保护政策，结果似乎是我们更像胜利者。他中标的方案是一栋背离地心引力的超级建筑，至今尚未实施建设。（受邀参加的著名建筑设计师中，莫尼欧和库哈斯最终决定不上交任何作品。）

巨大的变化以至于这些地方失去了原有的特征，更不用说这个地方的原著居民了。这就是雅各布斯提及的"巨额资金投入（cataclysmic money）"和"渐进资金投入（gradual money）"的差别。[10]

在大项目中，避免出现这种结果的方法非常直截了当，即指定一名主开发商监管整个项目，但这名监管者不能是单栋建筑的开发者。这个角色可以由城市、公共部门、在特定情况下甚至是私营开发商来担任。[1]最重要的是，不同建筑由不同的人来建设。"小就是好"的实践生动地诠释了我们需要的是金花鼠之城而不是大猩猩城市。幸运的是，"大猩猩"通常来自城外，但"金花鼠"则通常出生在本地，更关心城市建设的成效。

7.1.5　令人厌倦的绿化空间

在《绿色大都会》这本书中，大卫·欧文讲述了他过去是如何带着宝贝女儿去婴芙乐买东西的故事。那时虽然要沿着曼哈顿走上很长一段路，但他的女儿从不抱怨。当这家人计划搬去佛蒙特州时，欧文曾经还期盼着女儿会多么享受在乡间的行走。然而事实却是这样："在一个风和日丽的秋日早晨，我们第一次走向村庄的中心广场去买早报时，她很不耐烦，一路上不断地扭动她的双肩包。对她而言，沿途根本没有什么东西可看。"[11]

在城市中，绿色空间是令人愉悦的、清爽的，而且是必需品。但它们也是呆滞无趣的，至少与商店柜台和街头小贩相比是这样。我们的小孩可能正遭遇大自然缺失症，但他们本能地知道我们被教导要去忽略的事情，那就是翠绿的风景并不是很有趣。正如欧文进一步讲述的，大的开敞空间"可以鼓励一些人散步。但如果想让人们将步行作为一种实用的出行方式，过大的林荫道会适得其反。"[12]

对开敞空间的批判令欧文加入了简·雅各布斯的队列。简·雅各布斯早在50年前就发表过这样的观点：

　　要真正理解城市和城市中的公园是如何相互影响的，首先必须抛弃真正用途和虚构用途之间的混淆——例如，公园是"城市之肺"这种荒诞无稽之谈。大约3英亩的森林才能吸收四个人呼吸、烹饪和取暖所排放的二氧化碳量。保持城市空气通畅的是我们周围大量的空

1　可能在这方面最著名的案例就是曼哈顿的巴特利公园城。它是由一间公共事业单位开发且现今仍属于这家单位。正如威托德·里布金斯基（Witold Rybczynski）所描述："为了应对不断变化的市场需求，根据设计整个项目是一个地块一个地块一个建筑一个建筑地发展起来的，且单个项目的投资和建设的开发者不同，但这个开发的过程应遵循总体规划的建筑指引"（Rybczynski, *Makeshift Metropolis*, 151）。

气循环，而不是公园。[13]

与欧文一样，雅各布斯正与"更多的绿色空间会使城市更健康"这种主流观点做斗争。事实上，绿色空间的微观形貌与所谓的它们的"宏观影响"根本不符。将它们的作用一一拆解，你会发现它们实际上是在帮助汽车文化发展，从而使污染加重。雅各布斯举的例子是洛杉矶，那里拥有最多的开敞空间，却是当代美国任何城市都望"尘"莫及的烟雾之都。[14]

这并不意味着我们不应该建设公园——芝加哥和西雅图新建的那些规模大且昂贵的滨水公园没有令任何人后悔失望，而是不应该允许开敞空间撕破适宜步行的城市中心的肌理。每一座城市，特别是想要吸引千禧一代的城市，都需要提供方便走进大自然的路径，包括区域尺度的徒步和骑行路径。同样地，众多的袖珍公园和运动场也是留住处于抚养子女期的公民的关键因素。但是满足这些需求与将城市变成一座花园是完全不同的。当前通过可渗透表面、大草坪和现今最流行的雨水花园[1]来推动市区可持续发展的做法将消除城市与郊区用以保持各自核心竞争力的关键特性。

事实上，正是我们对于将城市与乡村以某种神奇的方式融合在一起的欲望造就了环境、社会和经济灾难即城市的蔓延。尽管如此，建筑学派的建议书和设计竞赛还是常常鼓励我们探索"一种前所未有的、全新的人与自然的关系"，[2]就好像存在一些尚未被发现的、能通过淡化城市最佳特性来改善城市的方法似的。我们更清楚。我们知道街道生活是众多城市特性中的核心，也是真正的城市环境，而在真正的城市环境中，建筑物要比灌木丛更多。

7.2　选择能够成功的街道

城市街道鉴别分类；主力店和路线；下城区的经验；市中心优先

前文介绍的九个步骤是对创建适宜步行城市这个通盘战略的具体化。和我一直强调的一样，如果我们打算将大量驾车者转变为步行者，那么就有必要遵循以上所有步骤，而不是

1　雨水花园能使街道在一定的气候条件下自然排水，是一个值得传统排水系统让位的方法。建设雨水花园可以不增加街道空间或阻碍行人通道。

2　这个引用来自对 2000 年奥斯陆福尼布机场重建的设计比赛中获胜者的话的改述（我们也输掉了这个比赛）。

其中的几个。但如果要求所有地方都逐一照搬所有步骤，那么将导致大部分城市破产。此外，机械地推广适宜步行的建设标准简直是与城市实际功能相冲突：任何重要的大都市中很大部分地区都没有必要成为，也不应该成为吸引街道生活的场所。举一个简单的例子，一个集装箱中转站不是一个可提倡行人在人行道上用餐的地方。

7.2.1　城市街道鉴别分类

但正是这种现象中的不太明显的例子需要我们注意，或者更准确地说，无需对此太在意。有的街道所吸引的行人无外乎是偶尔一两个因为汽车抛锚而步行去买汽油的驾车者，但却投入惊人的巨资改善这种街道的可步行性。在我参观过的城市中，有一半的城市都会邀我去游览重建不久的街道，它们常常是市中心区外的主要交通走廊，用最新颖的街灯、树围子和多彩的铺路石进行了修整，好像这些修饰可以使一个几乎没有人行走的地方变得有吸引力。毋庸置疑，这些修饰过的通道对驾车更有吸引力，但如果这是初衷的话，那所付出的成本未免过于昂贵。

上述教训为我们指明了方向，即在城市投资于可步行性建设之前，首先要弄清楚"在哪里可以以最少的投资取得最明显成效？"答案眼睁睁的被我们忽视了，那就是投资于那些已经拥有有潜力吸引和维持街道生活的建筑的街道。换句话说，就是投资于那些现成的私人领域能增添公共领域的舒适性和趣味性的地方。类似这样的街道在大部分城市中占有相似的比例：两侧布置着有历史意义的店面和其他引人注目的建筑物的人行道，被一条光秃秃的高速道路摧毁。若能修复好这样的道路，意味着你就可以赚到盆满钵满了。

相反，改善一条临街布满消声器商店和快餐外卖车道的街道对宜居性的提升几乎没有任何作用。这样的街道即使得到改建，仍然还是汽车通行带，不值得我们关注，所以任它去吧。

对城市振兴而言，更加有利可图的方法就是我们称之为"城市街道鉴别分类"，这个词恰当地描述了发源于第一次世界大战战场上的一种技术。[1] 如同在战场一样，在步行问题的研究中，为了更大的利益，必须牺牲步行问题最严重的那一部分。在这里，"患病街道"的分类略有不同：首先亟待"护理"的是 A 类街道，即"护理"后能够很容易见效的街道。其次是 B 类街道，即看起来不是那么容易治愈，但我们却需要它将最健康的街道联在一起

1　安德烈斯·杜安尼，伊丽莎白·普拉特·兹伊贝克和杰夫·斯佩克编写的《郊区国家》，162。安德烈斯创造的像这样的词组很多。战场上的检伤分类是指对那些很有可能生存下来或者很可能死亡的伤员不予护理，而是将医疗资源重点分配给那些徘徊在生死边缘的病患。

构成一个恰当的网络——这一点等下再展开。第三，不予讨论，就是剩下的汽车之城。我们不应该允许这些 C 类街道退化，而是尽可能对其进行维护（填补坑洞，清除垃圾），但不需要担心这类街道的人行道宽度、行道树或者自行车车道设置——至少，十年之内可以这样。

7.2.2　主力店和路线

上述分类中的第二类，即将街道连接，需要投入最多的思考，说句不中听的，还需要一些设计头脑才能实现。因为在任何一个城市中心都有适宜步行的街道网络，有时这个网络隐而不见，等待着呈现给世人。而要将其挖掘出来需要仔细的观察以及能够产生决定性影响的设计工作。工作的核心便是主力店和路线设计的理念。

不管你怎么评价大型购物中心，但你不得不承认它们在全盛时期确实发挥了非常好的作用。其中一项就是确定了几乎合乎科学的商店相对位置关系从而鼓励最大的消费，其中包括了为使人们能够在小店之间步行穿过而将主力店按一定的距离排开。对于购物中心来说，在成排商店前吸引到行人非常重要，因此购物中心经常欢迎"主力店"免租入驻。[1]

在市区中，"主力店"很少并且相当容易识别：包括主要的零售店，大型停车场，电影院和其他任何能够定期引起巨大人流量的设施，比如表演厅或者棒球场。¹一个已经适宜步行的街道网络也是一种"主力店"，因为如果它值得一去，就会吸引一些乐意走得更远的步行者。有时，这些主力店彼此间距离很近，但由于低质量的连接，几乎没有人在它们之间步行。撇开道路本身的条件来看，这条街道可能是遭受缺乏明确、活跃的边缘之苦，被划分到"B"类，甚至是"C"类。如果两个主力店之间的距离足够短并且存在发展的机会，那么城市花钱尽快将其连在一起是有意义的。

让我们讨论下这种情况，即两个适宜步行的街区彼此相隔了几个街区的距离。其中一个拥有会展中心、酒店和一个竞技场。这个街区虽然人流量很大，但几乎都走不远。另外一个街区有饭店、酒吧、美术馆并且被工薪阶层住宅包围。这个街区独具特色但需稍加改善。参会者和参观竞技场的人都很愿意去这个独具特色的街区游览一番，但几乎没人这样做过，因为两个街区之间的距离虽短但行走的过程却毫无吸引力。这时城市应该做些什么呢？

这样的情况就真真切切地发生在俄亥俄州哥伦布市。在那里，市会展中心和竞技场与

1　棒球比赛不同于足球比赛，足球比赛很少举行以至于露天体育场无法有效地激发地区的振兴。

充满活力的北小街（Short North）社区被一条建于 20 世纪 60 年代的低于州际标准的高速公路隔断。从一边到达对面意味着要穿过一座毫无生机位于风口的桥，完全是一片萧条之境。当 2003 年需要重建这座桥时，哥伦布市和俄亥俄州做了一件明智至极的事：将这座桥的宽度设计为 200 英尺而不是 100 英尺，在桥面两侧设置了零售区。他们将零售区的开发工作交给开明的开发商。开发商将其改造成现代版的佛罗伦萨老桥，两侧布置了商店和餐馆。

这座大桥的翻新政府只用了 190 万美元的成本，却取得了神奇的效果：高速公路消失得无影无踪。现在会议中心的参会者常常参访北小街（Short North）社区，与商业区的区别就是这里的到访者可谓"夜以继日"。[2] 两个适宜步行的街区已经融为一体，同时这个片区的整个特色都发生了改变。

很多城市都拥有令人沮丧的高速路和铁路，其中一部分城市正考虑效仿哥伦布市的做法。但很明显这个案例当时所处的情况是很微妙的：少数停车场或联节点撕裂了两个街区的步行连接。如果只是重新连接好被切断的路网，那么这些城市需要投入的成本将比哥伦布市更低且同样有效。但如此处理需要一个非常细致明确的识别判断。

因为这个原因，每当我制定一个步行街区的规划方案时，会采取多个步骤。首先，我需要研究每一条有可能适宜步行的街道，并根据街区的品质将之分为不同的类别。由于只是简单的修复，所以我会忽略街区的交通属性，只关注其舒适性和趣味性，即空间界定和友好建筑立面的呈现。这项工作可以形成一幅地图，根据街道吸引行人活动的潜力大小，用绿到黄再到红的颜色标示。这样一幅地图会显现出一种模式，即某些足够好的街道交汇形成一个明晰的适宜步行的街道网络。除此之外这个网络还需要补充那些几乎通到关键的"主力店"，又能将主力店联在一起的街道以及相关的信息。

结果就是城市街道分类修复规划：街道要么进行修复，要么不进入这个规划。这个规划指引了接下来十年里公共与私人投资的格局。只有被纳入规划中的街道才能得到提升可步行性的机会，比如更安全的出行模式、种植行道树和更适宜的人行道。只有被纳入规划中的街道两边的物业才能得到城市再开发的支持，这意味着资金的投入或是更加简化的审批。而这个路网中的"缺齿"，特别是连接关键点的"缺齿"将会被全力以赴地优先解决。理想的情况是整个城市的领导阶层，包括公共和私营群体，一起达成一个简单的共识：优先修建这些地方。

7.2.3 下城区的经验

在城市街道鉴别分类的过程中形成的规划有一些意想不到的特征。例如，一个非常适宜步行的街区中仍然包含很多不适宜步行的街道。事实上，很多出色的市中心都有适宜和不适宜步行两种街道相交叠。重要的是要把高质量的街道连接到连续的步行网络中，如此一来，当你必须穿过一条 C 类街道时，你并不需要一直沿着它走下去。[3] 这个现象出现在每一个将后街小巷装饰的很怡人的美国城市。

更让人惊讶的是，如此小的适宜步行的网络仍可以给人留下城市适宜步行的印象。一些因适宜步行而著名的小城市，例如南卡罗来纳州的格林维尔，主要归功于一条很棒的街道。就一个地方的可步行性而言，规模较质量更为重要，丹佛的经验就很令人信服。

1993 年，城市规划界对丹佛城市规划的故事议论纷纷。"你一定要去丹佛，"人们一直这样说，"那里简直令人惊讶。"

因此我们去了一趟丹佛。我们发现"令人惊讶"的并不是整个丹佛，而是丹佛的下城区，事实上也不是整个下城区，而只是丹佛下城区的几个街区。这几个街区碰巧保留了约翰·希肯卢伯（John Hickenlooper）的温库普啤酒厂、桌球房和喜剧俱乐部，对面是空荡荡的学院派建筑风格的联合火车站艺术联盟车站（Union Station），周围是一些旧厂房，这些旧厂房刚刚开始吸引借助改造老旧房屋进行投机的投资者的关注。下城区的都市生活并不完美，尽管只有几英亩的空间表现出大好前途，但已经非常接近完美了。根据体育专栏作家瑞克·赖利（Rick Reilly）的描述，这些地区几十年一直没有改变，"这些地区到处都是瘾君子、流氓和豁牙的小偷，并且都是女性"。[4]

但拥有少数几个几乎完美的街区就已经足够了。其他人也像我们一样听说了丹佛的这些故事，于是开始在下城区甚至整个丹佛市投资。在 10 年内，整个城市经历了一次强有力的更新。自 1990 年以来，丹佛的人口已经增加了 28%。

是不是所有来丹佛的人都是因为温库普啤酒厂才来的呢？显然不是。但只需要几个街区便可以让城市美名在外。下城区的经验就是竭尽全力将能够发挥最佳作用的小地段做好。这就是城市街道鉴别分类的妙处。

7.2.4 市中心优先

城市街道鉴别分类在逻辑上是合理的，但它同样面临政治上的挑战。首先，这是一个可以恰当地评判地区发展成败的名称，因而需要大量的解释。我总是能快速指出车流密集的道路实际上也可能产生高于主干道的租金。这仅仅是关于可步行性的讨论，不涉及房地产价值。这就是说，城市街道鉴别分类这个名称可能需要被一些不这么犀利的名词所取代。

第二，更大的问题在于公职人员思考资源分配的方式。大多数的市长、城市管理者和市政规划者都觉得需要对整个城市负责。结果，他们往往会不加选择地到处撒播可步行性的种子。他们也是乐观主义者，否则不会在政府部门工作，这些人愿意相信他们有一天能建成一座每一处都很棒的（也即适宜步行的）城市。这种意愿固然很好，但结果却适得其反。虽然大多数的城市都试图建设成为一座每处都很完美的城市，但却以平庸告终。可步行性可能只存在于那些将城市应该提供的所有最好资源都集中于一起的区域。集中建设，不分散，是建成宜居城市的灵丹妙药。

这个结论刚出炉就引发了关于公平性的讨论，不仅涉及街道与街道之间的公平，还关乎社区与社区的公平。在美国的大多数城市里，可步行性的现实主义规划始于市区，这些地方往往已经具备关键性条件。但实际上住在市区的人并不是很多。那么，这些市区的可步行性建设到底是为了谁？这些投入是公平的吗？这是城市规划者面临的最艰难的问题之一。在巴吞鲁日，人们如此质问："既然市中心区比我们居住的地方更好，你为什么致力于市区的建设呢？为什么不为我们的社区做这样一个规划方案呢？"

答案很简单。市中心区是全市唯一一片属于每个人的区域。你在哪里安家都不重要，市中心区还是属于你的。投资于城市的市中心区是使城市所有市民同时获益的唯一途径。

还有更多的原因。大学毕业生或公司寻找住房，重新选址的每一次决定，都依赖其脑海中对某一个地方的印象。这个印象是明确的、可以强烈感知的。它绝对具象的：包括建筑物、街道、广场、咖啡厅和这些地方产生的社交生活。无论这些意象图是好是坏，都很难动摇。并且，这些意象图一般都是市中心，很少有例外。

这样一来，每一座城市的声望在很大程度是要取决于市中心的物质环境。如果市中心看起来不够好，那城市肯定看起来也不是很好，人们就不会想搬去那里，居住在那里的市民也很难觉得他们选择生活的地方是好的。相反，一个美丽而充满活力的市中心则如同涨潮的海水般承载起所有的船只。正如在（丹佛）下城区，市中心区中一小部分令人满意的街区便能让整个城市进入宜居城市的行列。城市提升就应该从这里开始。

当我思考"城市意象"这个概念时，有一幅难忘的画面在我的脑海中挥之不去。十岁那年，我和父母、哥哥一起在电视机前观看《玛丽·泰勒·摩尔秀》的开场片头。与当时出现在电视里的大多数美国城市完全不同，玛丽所在的明尼阿波利斯市是明亮、活泼、生动且充满机遇的。一位30岁的悔婚女人搬到大城市开始新生活。我们不知道等待她的是什么，但是从她惊讶的大眼睛中可以看到，城市生活具有无限的可能性。当她走在满街的行人当中时，她踮起脚尖欢快地舞动，并将她的毛绒帽子高高地抛起。我们从来没有看到她的毛绒帽子下落的一幕。

致谢

这是我在没有安德烈斯·杜安尼和伊丽莎白·普拉特·兹伊贝克的参与下独自完成的第一本关于设计的书，但被别我骗了：如果完全没有他们的帮助，本书是不可能完成的，至少是不可能有什么用处的。这本书中不仅有很大部分理念源自他们，而且组织这些思想的写作框架策略同样源自他们，我唯一希望的就是能够达到他们的水平。

当这本书差不多完成的时候，我将稿件送给安德烈斯审阅，希望他能将我对他们的思想表述得不到位的地方提点于我。但他拒绝了这个请求，这也恰恰体现了他的两个特点：极其厌烦浪费时间以及一位知识分子真正的慷慨。因此，如果你读到某些喜欢的地方，那很可能是我从安德烈斯那里学到的——当然，他并没有期望利用这个机会扬名立万。

我第一次听安德烈斯的讲座是在 1988 年，当时我有了奇妙的感触：噢，我的天哪，这可以写成一本书了，结果《郊区国家》就出炉了。20 多年过去了，我非常幸运能够将场景转换了过来，在我给她之前任职的机构作讲座后，各个城市的首席执行官们和卡罗尔·科莱塔用同样的话语感谢我。但与我曾经对安德烈斯提出过建议不同，卡罗尔并未提出为我写书，写书的事情仍将由我亲自完成。但是如果没有卡罗尔，这本书也不会问世。

除了他们的精神鼓励之外，卡罗尔以及多位 CEO 的资助使我能够安心写作。这些资金来自于"环境和城市生活基金会"。基金会的创始人理查德·欧雷曾问了我一个错误的问题："有什么有意义的工作需要我们的支助吗？"我希望我自私的回应能够被原谅。

由于对这些赞助资金作出的承诺，我给我那才华横溢又谨慎多疑的代理人尼斯女士列了一个计划，结果却被要求重写了三遍，就在我即将要放弃的时候，她把书卖给法勒、施特劳斯和吉劳克斯出版定价，这也是那本《郊区国家》的出版商。鉴于我们之前为出版那本书所付出的积极努力，出版商把一位不比肖恩·麦克唐纳差的编辑分配给我，我一点也不觉得惊讶。他不仅是知名的出版行家，更难得的是他是这世界上对城市规划的关注超过我的一个人。他不能容忍赘述，如果你发现这本书有啰唆的地方，那一定是因为我拒绝了他的一些删减方案。如果你希望这个书更长一点，那你可以多往他家里打几次电话。

还有四位没有报酬的编辑也为这本书付出了非常大的努力，他们都来自斯佩克家族。我的爸爸莫特为这本书的写作提供了策略层面的指引。我的妈妈盖尔和哥哥斯科特都是一流的散文家，他们仔细研究了每一个句子并为很多句子润色不少。我的妻子爱丽丝是我日常生活中的共鸣者，不用说，她也是我的灵感源泉。她还在我们两个小孩吵闹的情况下，奇迹般地开辟出一块安静空间供我写作。

在意大利，有两个组织极其慷慨地为我提供支持：罗马的美国学会和博利亚斯科基金会利古里亚研究中心。我要特别感谢阿黛尔·查特菲尔德－泰勒和哈里森家族的热情鼓励，还感谢他们不计较我家小孩"搞破坏"。

我要为这本书的著成而感谢很多人，他们为我的写作提供了宝贵的信息和故事素材，如文中标注的一样，某些章节深受这些专家思想的影响，大致如下：经济学方面：克里斯·莱茵贝格尔和乔·科特莱特；健康方面：理查德·杰克逊，豪伊·富兰克林和劳伦斯·弗兰克；停车方面：唐纳德·舒普；公共交通：尤娜·弗瑞马克；安全方面：丹·博登；骑行方面：杰夫·梅普斯和罗伯特·赫斯特；以及城市街道鉴别分类方面：安德烈斯·杜安伊。

以上清单并不完整，我还从下列人士那里得到了很多支持：亚当·贝克，凯德·本菲尔德，斯科特·伯恩斯坦，罗恩·博格尔，汤姆·布瑞南，阿曼达·博登，诺曼·灰吕，罗伯特·吉布斯，亚历山大·戈林，文斯·格雷厄姆，查理·黑尔斯，布莱克·克鲁格，比尔·雷诺特兹，马特·勒纳，托德·利特曼，麦克·莱顿，迈克尔·梅哈飞，查尔斯·麦隆，保罗·摩亚，韦斯·马歇尔，艾琳·麦克尼尔，达林·诺达尔，布莱恩·卢尼，伊娃·奥托，大卫·欧文，杰·博智，香农·拉姆齐，金尼·赛弗斯，克里斯蒂安·索蒂尔，波·托马斯，布伦特·托德利安，约翰·托提，哈里特·特里戈欧宁和山姆·津巴布韦。

最后，是一些市长让我明白写这本书的必要性。城市中存在的问题必须得到解决，并且解决措施必须以现实为基础而且可行。这些市长包括史蒂芬·贝隆（纽约州巴比伦市市长），吉姆·布雷纳德（印第安纳州卡梅尔市市长）、约翰·卡拉翰（宾夕法尼亚州伯利恒市市长）、米克·科内特（俄克拉荷马市市长）、佛兰克·考尼（爱荷华州得梅因市市长），曼尼·迪亚兹（迈阿密市市长）、A·C·沃顿（孟菲斯市市长）和盖世无双的乔·赖利（南卡罗来纳州查尔斯顿市市长），他在十余届任期中向我们展示了城市设计比大多数人所想象的更重要。

注释

步行性研究的一般理论

[1] Andres Duany, Elizabeth Plater-Zyberk, and Jeff Speck, *Suburban Nation*,164.
[2] Andres Duany and Jeff Speck, *The Smart Growth Manual*, Point 10.7.

第一篇　为什么强调建设适宜步行城市的重要性

导言

[1] Andres Duany, Elizabeth Plater- Zyberk, and Jeff Speck, *Suburban Nation*, 217.

第一章　步行，城市的优势

[1] Jack Neff, "Is Digital Revolution Driving Decline in U.S. Car Culture?"
[2] J. D. Power press release, October 8, 2009.
[3] Richard Florida, "The Great Car Reset."
[4] The Segmentation Company, "Attracting College-Educated, Young Adults to Cities," 7.
[5] Patrick C. Doherty and Christopher B. Leinberger, "The Next Real Estate Boom."
[6] Ibid.
[7] Christopher B. Leinberger, *The Option of Urbanism*, 89.
[8] Ibid.
[9] Ibid., 90.
[10] David Byrne, *Bicycle Diaries*, 283.
[11] Carol Morello, Dan Keating, and Steve Hendrix, "Census: Young Adults Are Responsible for Most of D.C.'s Growth in Past De cade."
[12] Christopher B. Leinberger, "Federal Restructuring of Fannie and Freddie Ignores Underlying Cause of Crisis."
[13] Christopher B. Leinberger, "The Next Slum."
[14] Leinberger, *Option*, 96-98.
[15] Ibid., 101, and Anton Troianovski, "Downtowns Get a Fresh Lease."
[16] Leinberger, *Option*, 91, 8-9.
[17] Joe Cortright, "Walking the Walk: How Walkability Raises Home Values in U.S. Cities," 20.
[18] Belden Russonello & Stewart, "What Americans Are Looking for When Deciding Where to Live," 3, 2.

[19] Joe Cortright, "Portland's Green Dividend," 1.
[20] Ibid., 1-2, and Joe Cortright, "Driven Apart."
[21] Ibid., 3.
[22] Poster, Intelligent Cities Initiative, National Building Museum.
[23] Leinberger, *Option*, 20.
[24] Barbara J. Lipman, "A Heavy Load: The Combined Housing and Transportation Costs of Working Families," iv.
[25] Ibid., 5.
[26] Doherty and Leinberger, "The Next Real Estate Boom."
[27] Ibid.
[28] Leinberger, "Federal Restructuring."
[29] Catherine Lutz and Anne Lutz Fernandez, *Carjacked*, 207.
[30] Leinberger, *Option*, 77-78, and "Here Comes the Neighborhood"; Jeff Mapes, *Pedaling Revolution*, 143.
[31] Jon Swartz, "San Francisco's Charm Lures High- Tech Workers."
[32] David Brooks, Lecture, Aspen Institute; and David Brooks, "The Splendor of Cities."
[33] Mapes, 268.
[34] Jonah Lehrer, "A Physicist Solves the City," 3.
[35] Ibid., 4.
[36] Hope Yen, "Suburbs Lose Young Whites to Cities"; Leinberger, *Option*, 170.
[37] Ibid.

第二章　美国人为什么没有活力了

[1] Jim Colleran, "The Worst Streets in America."
[2] Jeff Speck, "Our Ailing Communities: Q&A: Richard Jackson."
[3] Ibid.
[4] Lawrence Frank, Lecture to the 18th Congress for the New Urbanism.
[5] Molly Farmer, "South Jordan Mom Cited for Neglect for Allowing Child to Walk to School."
[6] Howard Frumkin, Lawrence Frank, and Richard Jackson, *Urban Sprawl and Public Health*, xii.
[7] Thomas Gotschi and Kevin Mills, "Active Transportation for America," 27.
[8] Jan Gehl, *Cities for People*, 111.
[9] Neal Peirce, "Biking and Walking: Our Secret Weapon?"
[10] Gotschi and Mills, 44.
[11] Jeff Mapes, *Pedaling Revolution*, 230.
[12] Elizabeth Kolbert, "XXXL: Why Are We So Fat?"
[13] Christopher B. Leinberger, *The Option of Urbanism*, 76.
[14] Catherine Lutz and Anne Lutz Fernandez, *Carjacked*, 165.
[15] Frumkin, Frank, and Jackson, 100.
[16] Ibid.
[17] Erica Noonan, "A Matter of Size."
[18] American Dream Co ali tion website.
[19] Richard Jackson, "We Are No Longer Creating Wellbeing."

[20] Kevin Sack, "Governor Proposes Remedy for Atlanta Sprawl," A14.

[21] Lutz and Lutz Fernandez, 172-73; American Lung Association, "State of the Air 2011 City Rankings"; Lutz and Lutz Fernandez, 173.

[22] Asthma and Allergy Foundation of America, "Cost of Asthma"; John F. Wasik, *The Cul-de-Sac Syndrome*, 68.

[23] WebMD slideshow, "10 Worst Cities for Asthma."

[24] Charles Siegel, *Unplanning*, 30.

[25] Lutz and Lutz Fernandez, 182.

[26] Frumkin, Frank, and Jackson, 110.

[27] All traffic fatality data collected by Drive and Stay Alive, Inc.

[28] Frumkin, Frank, and Jackson, 112.

[29] Speck, "Our Ailing Communities."

[30] Jane Ford, "Danger in Exurbia: University of Virginia Study Reveals the Danger of Travel in Virginia," *University of Virginia News*, April 30, 2002.

[31] Doug Monroe, "The Stress Factor," 89.

[32] Mapes, 239.

[33] Deborah Klotz, "Air Pollution and Its Effects on Heart Attack Risk," *The Boston Globe*, February 28, 2011.

[34] Frumkin, Frank, and Jackson, 142; Lutz and Lutz Fernandez, 156; Alois Stutzer and Bruno S. Frey, "Stress That Doesn't Pay," as described in Joe Cortright, "Portland's Green Dividend," 2.

[35] Mainstreet .com, quoted in "Survey Says" by Cora Frazier, *The New Yorker*, March 19, 2012.

[36] Dan Buettner, *Thrive*, 189.

[37] Frumkin, Frank, and Jackson, 172.

[38] Dom Nozzi, http://domz60. wordpress. com/quotes/.

第三章　绿色，并不是那么回事

[1] Terry Tamminen, *Lives per Gallon*, 207.

[2] Michael T. Klare, quoted in Catherine Lutz and Anne Lutz Fernandez, *Carjacked*, 90.

[3] Josh Dorner, "NBC Confi rms That 'Clean Coal' Is an Oxymoron."

[4] Bill Marsh, "Kilowatts vs. Gallons."

[5] Firmin DeBrabander, "What If Green Products Make Us Pollute More?"

[6] Ibid.

[7] Michael Mehaffy, "The Urban Dimensions of Climate Change."

[8] David Owen, *Green Metropolis*, 48, 104.

[9] A *Convenient Remedy*, Congress for the New Urbanism video.

[10] Witold Rybczynski, *Makeshift Metropolis*, 189.

[11] The study was prepared by Jonathan Rose Associates, March 2011.

[12] New Urban Network, "Study: Transit Outperforms Green Buildings."

[13] Kaid Benfi eld, "EPA Region 7: We Were Just Kidding About That Sustainability Stuff."

[14] Ibid.

[15] Dom Nozzi, http: //domz60 .wordpress .com/quotes/.

[16] Owen, 19, 23.

[17] Andres Duany, Elizabeth Plater-Zyberk, and Jeff Speck, *Suburban Nation*, 7-12.

[18] Edward Glaeser, "If You Love Nature, Move to the City."

[19] Owen, 2-3, 17.

[20] Peter Newman, Timothy Beatley, and Heather Boyer, *Resilient Cities*, 7, 88.

[21] Ibid., 92.

[22] John Holtzclaw, "Using Residential Patterns and Transit to Decrease Auto Dependence and Costs."

[23] "2010 Quality of Living Worldwide City Rankings," Mercer .com.

[24] Newman, Beatley, and Boyer, 99.

第四章　实现步行的效用

4.1　让汽车待在它们应在的地方

[1] Dom Nozzi, http: //domz60 .wordpress .com /quotes/.

[2] Ralph Waldo Emerson, "Experience" (1844), quoted in Cotton Seiler, *Republic of Drivers*, 16; Walt Whitman, "Song of the Open Road" (1856).

[3] Seiler, 94.

[4] David Byrne, *Bicycle Diaries*, 8.

[5] Patrick Condon,"Canadian Cities American Cities: Our Differences Are the Same," 16.

[6] Ibid., 8.

[7] Witold Rybczynski, *City Life*, 160-61.

[8] Donald Shoup, *The High Cost of Free Parking*, 65.

[9] Bob Levey and Jane Freundel-Levey, "End of the Roads," 1.

[10] Ibid., 2– 3.

[11] Ibid., 2– 4.

[12] Terry Tamminen, *Lives per Gallon*, 60-61.

[13] Christopher B. Leinberger, *The Option of Urbanism*, 164.

[14] Randy Salzman, "Build More Highways, Get More Traffi c."

[15] Charles Siegel, *Unplanning*, 29, 95.

[16] Federal Highway Administrator Mary Peters, Senate testimony, quoted in Nozzi, http: //domz60. wordpress .com /quotes/ .

[17] Peter Newman, Timothy Beatley, and Heather Boyer, *Resilient Cities*, 102.

[18] Texas Transportation Institute, Texas A&M University, "2010 Urban Mobility Report."

[19] Nozzi, op. cit.

[20] Andres Duany, Elizabeth Plater- Zyberk, and Jeff Speck, *Suburban Nation*, 16.

[21] Information from an e-mail exchange with Dan Burden.

[22] Jane Jacobs, *Dark Age Ahead*, 73.

[23] Ibid., 74– 79.

[24] Yonah Freemark and Jebediah Reed, "Huh?! Four Cases of How Tearing Down a Highway Can Relieve Traffi c Jams (and Save Your City)."

[25] Kamala Rao, "Seoul Tears Down an Urban Highway, and the City Can Breathe Again," *Grist*, November 4, 2011.

[26] Ibid.

[27] Ibid.

[28] Siegel, 102; William Yardley, "Seattle Mayor Is Trailing in the Early Primary Count."

[29] "Removing Freeways— Restoring Cities," preservenet .com.

[30] Jan Gehl, *Cities for People*, 9.

[31] Ibid., 13.

[32] Newman, Beatley, and Boyer, 117.

[33] Jeff Mapes, *Pedaling Revolution*, 81.

[34] Witold Rybczynski, *Makeshift Metropolis*, 83.

[35] Jeff Speck, "Six Things Even New York Can Do Better."

[36] Ken Livingstone, winner commentary by Mayor of London, World Technology Winners and Finalists.

[37] Data taken alternately from two sources: Ibid., and Wikipedia, "London Congestion Charge."

[38] Ibid.

[39] Stewart Brand, *Whole Earth Discipline*, 71.

[40] Wikipedia, "New York Congestion Pricing."

[41] Ibid.

[42] Ibid.

[43] Nozzi, op. cit.

[44] Bernard-Henri Lévy, *American Vertigo*.

[45] Ivan Illich, *Toward a History of Needs*.

[46] Ibid., 119.

[47] Duany, Plater- Zyberk, and Speck, 91n.

[48] Catherine Lutz and Anne Lutz Fernandez, *Carjacked*, 145.

4.2 功能混合

[1] Andres Duany, Elizabeth Plater- Zyberk, and Jeff Speck, *Suburban Nation*, 10.

[2] Conversation with Adam Baacke, June 14, 2011.

[3] Nicholas Brunick, "The Impact of Inclusionary Zoning on Development," 4.

[4] Judy Keen, "Seattle's Backyard Cottages Make a Dent in Housing Need."

[5] Data from the City of Seattle Department of Planning and Development.

[6] Tim Newcomb, "Need Extra Income? Put a Cottage in Your Backyard," time.com, May 28, 2011.

4.3 正确的停车政策

[1] Martha Groves, "He Put Parking in Its Place."

[2] Ibid.

[3] Eric Betz, "The First Nationwide Count of Parking Spaces Demonstrates Their Environmental Cost."

[4] Donald Shoup, *The High Cost of Free Parking*, 189.

[5] Catherine Lutz and Anne Lutz Fernandez, *Carjacked*, 8.

[6] Ibid.

[7] Shoup, 83.

[8] Ibid., 591.

[9] Ibid., 2.

[10] Ibid., 208-14.

[11] Ibid., 24.

[12] Ibid., 559.

[13] Philip Langdon, "Parking: A Poison Posing as a Cure."

[14] Ibid.

[15] Langdon.

[16] Betz.

[17] Shoup, 81.

[18] Sarah Karush, "Cities Rethink Wisdom of 50s- Era Parking Standards."

[19] Washington, D.C., Economic Partnership (2008), "2008 Neighborhood Profi les—Columbia Heights."

[20] Interview with architect Brian O'Looney of Torti Gallas and Partners.

[21] Paul Schwartzman, "At Columbia Heights Mall, So Much Parking, So Little Need."

[22] Ibid.

[23] Shoup, 43.

[24] Ibid., 8.

[25] Andres Duany, Elizabeth Plater-Zyberk, and Jeff Speck, *Suburban Nation*, 163n.

[26] Shoup, 131.

[27] Ibid., 157.

[28] Langdon; Shoup, 146.

[29] Langdon.

[30] Shoup, 150.

[31] Ibid.

[32] Noah Kazis, "NYCHA Chairman: Parking Minimums 'Working Against Us.' "

[33] Wikipedia, "Carmel-by-the-Sea, California."

[34] Shoup, 102-103, 230, 239.

[35] Ibid., 239.

[36] Ibid., 262.

[37] Ibid., 498.

[38] Ibid., 122.

[39] Ibid., 327, 310, 14, 359.

[40] Ibid., 328.

[41] Ibid., 400.

[42] Ibid., 380-81.

[43] Douglas Kolozsvari and Donald Shoup, "Turning Small Change into Big Changes."

[44] Shoup, 299.

[45] Ibid., 383.

[46] Ibid., 391-92.

[47] Groves.

[48] Bill Fulton, mayor of Ventura, blog posting, September 14, 2010.

[49] Ibid.

[50] Groves.

[51] Shoup, 309.

[52] Rachel Gordon, "Parking: S.F. Releases Details on Flexible Pricing."

[53] Ibid.

[54] Kolozsvari and Shoup; Shoup, 417.

[55] Kolozsvari and Shoup.

[56] Shoup, 417, 434, 415.

[57] Ibid., 348-53.

[58] Kolozsvari and Shoup; Shoup, 417.

[59] Kolozsvari and Shoup.

[60] Langdon.

[61] Kolozsvari and Shoup.

[62] Shoup, 397.

[63] Ibid., 275.

[64] Ibid., 299.

[65] Alex Salta, "Chicago Sells Rights to City Parking Meters for $1.2 Billion."

[66] Ibid.

4.4 让公共交通发挥作用

[1] Yonah Freemark, "Transit Mode Share Trends Looking Steady." Data from U.S. Census Bureau's American Community Survey, October 13, 2010.

[2] Donald Shoup, *The High Cost of Free Parking*, 2.

[3] Peter Newman, Timothy Beatley, and Heather Boyer, *Resilient Cities*, 86-87.

[4] Freemark, "Transit Mode Share Trends Looking Steady."

[5] Daniel Parolec, pre sen ta tion to the Congress for the New Urbanism, June 2, 2011.

[6] Terry Tamminen, *Lives per Gallon*, 112.

[7] David Owen, *Green Metropolis*, 127.

[8] Ibid., 121.

[9] Andres Duany and Jeff Speck, *The Smart Growth Manual*, Point 3.2.

[10] Newman, Beatley, and Boyer, 109.

[11] Christopher B. Leinberger, *The Option of Urbanism*, 166.

[12] John Van Gleson, "Light Rail Adds Transportation Choices on Common Ground," 10.

[13] Todd Litman, "Raise My Taxes, Please!"

[14] Yonah Freemark, "The Interdependence of Land Use and Transportation."

[15] dart .org, 2008.

[16] Wendell Cox, "DART's Billion Dollar Boondoggle."

[17] Yonah Freemark, "An Extensive New Addition to Dallas' Light Rail Makes It America's Longest."

[18] Van Gleson, 10.

[19] Freemark, "An Extensive New Addition."

[20] San Miguel County Local Transit and Human Service Transportation Coordination Plan, LSC Transportation Consultants in association with the URS Corporation, Colorado Springs, 2008, pages III- 6 through III- 7.

[21] Charles Hales, presentation at Rail-Volution, October 18, 2011.

[22] American Public Transportation Association Transit Ridership Report, 1st quarter 2011. Washington, D.C.

[23] D.C. Surface Transit, "Value Capture and Tax-Increment Financing Options for Streetcar Construction."

[24] Ibid.

[25] Ibid.

[26] American Public Transportation Association Transit Ridership Report, 1st quarter 2011.

[27] D.C. Surface Transit.

[28] Equilibrium Capital, "Streetcars' Economic Impact in the United States," PowerPoint presentation.

[29] D.C. Surface Transit.

[30] Ibid.

[31] Andres Duany, Elizabeth Plater- Zyberk, and Jeff Speck, *Suburban Nation*, 202-203.

[32] Darrin Nordahl, *My Kind of Transit*, ix.

[33] Ibid., 126-43.

[34] Mark Jahne, "Local Officials Find Fault with Proposed Hartford-New Britain Busway."

[35] U.S. Government Accounting Office, "Bus Rapid Transit Shows Promise."

[36] Morgan Clendaniel, "Zipcar's Impact on How People Use Cars Is Enormous."

第五章 实现步行的安全

5.1 保护行人

[1] Wesley Marshall and Norman Garrick, "Street Network Types and Road Safety," table 1.

[2] Andres Duany, Elizabeth Plater-Zyberk, and Jeff Speck, *Suburban Nation*, 160n.

[3] Dan Burden and Peter Lagerwey, "Road Diets: Fixing the Big Roads."

[4] Reid Ewing and Eric Dumbaugh, "The Built Environment and Traffi c Safety," 363.

[5] Robert Noland, "Traffic Fatalities and Injuries," cited in Catherine Lutz and Anne Lutz Fernandez, *Carjacked*, chapter 9, note 19.

[6] "Designing Walkable Urban Thoroughfares."

[7] NCHRP Report 500, "Volume 10: A Guide for Reducing Collisions Involving Pedestrians," 2004.

[8] 20splentyforus .org.uk.

[9] Duany, Plater-Zyberk, and Speck, 36-37.

[10] Malcolm Gladwell, "Blowup," 36; also in Duany, Plater-Zyberk, and Speck, 37n.

[11] Tom McNichol, "Roads Gone Wild."

[12] Tom Vanderbilt, *Traffic*, 199.

[13] McNichol.

[14] Jeff Mapes, *Pedaling Revolution*, 62.

[15] McNichol.

[16] David Owen, *Green Metropolis*, 186.

[17] McNichol.

[18] Ibid.

[19] Duany, Plater-Zyberk, and Speck, 64.

[20] Christian Sottile, "One-Way Streets: Urban Impact Analysis," commissioned by the city of Savannah (unpublished).

[21] Ibid.

[22] Melanie Eversley, "Many Cities Changing One-Way Streets Back."

[23] Alan Ehrenhalt, "The Return of the Two-Way Street."

[24] Ibid.

[25] Ibid.

[26] Duany, Plater-Zyberk, and Speck, 71.

[27] Jan Gehl, *Cities for People*, 186.

[28] Mapes, 85.

[29] Michael Grynbaum, "Deadliest for Walkers: Male Drivers, Left Turns."

[30] Damien Newton, "Only in LA: DOT Wants to Remove Crosswalks to Protect Pedestrians."

[31] Owen, 185.

5.2 倡导使用自行车

[1] Ron Gabriel, "3-Way Street by ronconcocacola," Vimeo.

[2] Hayes A. Lord, "Cycle Tracks."

[3] Jan Gehl, *Cities for People*, 105.

[4] Allison Aubrey, "Switching Gears: More Commuters Bike to Work."

[5] Jeff Mapes, *Pedaling Revolution*, 24.

[6] Robert Hurst, *The Cyclist's Manifesto*, 176.

[7] Gehl, 104-105.

[8] Mapes, 14.

[9] John Pucher and Ralph Buehler, "Why Canadians Cycle More Than Americans," 265.

[10] Jay Walljasper, "The Surprising Rise of Minneapolis as a Top Bike Town."

[11] Pucher and Buehler, "Why Canadians," 273.

[12] Ibid., 265.

[13] Mapes, 65, 70.

[14] Jay Walljasper, "Cycling to Success: Lessons from the Dutch."

[15] Mapes, 71; John Pucher and Lewis Dijkstra, "Making Walking and Cycling Safer: Lessons from Europe," 9.

[16] Mapes, 62.

[17] Russell Shorto, "The Dutch Way: Bicycles and Fresh Bread."

[18] Ibid.

[19] Gehl, 185-87.

[20] Mapes, 81.

[21] Wikipedia, "Modal Share," data from urbanaudit .org.

[22] Mia Burke, "Joyride."

[23] Mapes, 155.

[24] Burke.

[25] bikerealtor .com.

[26] Mapes, 158, 143.

[27] Ibid., 139.

[28] Noah Kazis, "New PPW Results: More New Yorkers Use It, Without Clogging the Street"; Gary Buiso, "Safety First! Prospect Park West Bike Lane Working."

[29] Gary Buiso, "Marty's Lane Pain Is Fodder for His Christmas Card."

[30] Ibid.

[31] Andrea Bernstein, "NYC Biking Is Up 14% from 2010; Overall Support Rises."

[32] Lord.

[33] Hurst, 81.

[34] Ibid., 175.

[35] Bernstein.

[36] Thomas Gotschi and Kevin Mills, "Active Transportation for America," 28.

[37] Ibid., 24.

[38] Ibid., 225.

[39] Children's Safety Network, "Promoting Bicycle Safety for Children."

[40] John Forester, *Bicycle Transportation*, 2nd ed., 3.

[41] Hurst, 90.

[42] John Pucher and Ralph Buehler, "Cycling for Few or for Everyone," 62-63.

[43] Mapes, 40.

[44] Tom Vanderbilt, *Traffic*, 199.

[45] Hurst, 94.

[46] Steven Erlanger and Maïde la Baume, "French Ideal of Bicycle-Sharing Meets Reality."

[47] Wikipedia, "Bicycle Sharing System."

[48] Clarence Eckerson, Jr., "The Phenomenal Success of Capital Bikeshare."

[49] Christy Goodman, "Expanded Bike-Sharing Program to Link D.C., Arlington."

[50] "Capital Bikeshare Expansion Planned in the New Year," D.C. DOT, December 23, 2010.

[51] Wendy Koch, "Cities Roll Out Bike-Sharing Programs."

[52] David Byrne, *Bicycle Diaries*, 278.

[53] Lord.

第六章　实现步行的舒适

6.1　打造适宜的空间形态

[1] Thomas J. Campanella, *Republic of Shade*, 135.

[2] Jan Gehl, *Cities for People*, 4.

[3] Ibid., 120, 139, 34.

[4] Ibid., 50.

[5] Christopher Alexander, *A Pattern Language*, 115.

[6] Gehl, 42.

[7] Ibid., 171-73.

[8] Jane Jacobs, *The Death and Life of Great American Cities*, 203.

[9] Andres Duany and Jeff Speck, *The Smart Growth Manual*, Point 10.5.

[10] Gehl, 146.

6.2　植树

[1] R. S. Ulrich et al., "View Through a Window May Influence Recovery from Surgery."

[2] "The Value of Trees to a Community," arborday.org/trees/benefits.cfm.

[3] Dan Burden, "22 Benefits of Urban Street Trees."

[4] Howard Frumkin, Lawrence Frank, and Richard Jackson, *Urban Sprawl and Public Health*, 119.

[5] Eric Dumbaugh, "Safe Streets, Livable Streets," 285-90.

[6] Burden.

[7] U.S. Department of Agriculture, Forest Service Pamphlet #FS-363.

[8] Burden.

[9] Henry F. Arnold, *Trees in Urban Design*, 149.

[10] Zoe G. Davies, Jill L. Edmondson, Andreas Heinemeyer, Jonathan R. Leake, and Kevin J. Gaston, "Mapping an Urban Ecosystem Service: Quantifying Above-Ground Carbon Storage at a City-Wide Scale."

[11] David Whitman, "The Sickening Sewer Crisis in America."

[12] Greg Peterson, "Pharmaceuticals in Our Water Supply Are Causing Bizarre Mutations to Wildlife."

[13] "Rainfall Interception of Trees, in Benefits of Trees in Urban Areas," coloradotrees.org.

[14] Burden.

[15] Kim Coder, "Identified Benefits of Community Trees and Forests."

[16] Charles Duhigg, "Saving US Water and Sewer Systems Would Be Costly."

[17] Whitman.

[18] Thomas J. Campanella, *Republic of Shade*, 89.

[19] Ibid., 75-77.

[20] Anthony S. Twyman, "Greening Up Fertilizes Home Prices, Study Says."

[21] Geoffrey Donovan and David Butry, "Trees in the City."

[22] Ibid.

[23] Jan Gehl, *Cities for People*, 180.

[24] See milliontreesnyc.org.

第七章　实现步行的乐趣

7.1　营造友好而独特的街容

[1] Jan Gehl, *Cities for People*, 88.

[2] Ibid., 137.

[3] Ibid., 77.

[4] Ibid., 151.

[5] Andres Duany, Elizabeth Plater-Zyberk, and Jeff Speck, *Suburban Nation*, 175-78.

[6] Chris Turner, "What Makes a Building Ugly?"

[7] James Fallows, "Fifty-Nine and a Half Minutes of Brilliance, Thirty Seconds of Hauteur."

[8] Ethan Kent, "Guggenheim Museum Bilbao," Project for Public Spaces Hall of Shame.

[9] Léon Krier, *The Architecture of Community*, 70.

[10] Jane Jacobs, *The Death and Life of Great American Cities*, 291.

[11] David Owen, *Green Metropolis*, 178.

[12] Ibid., 181.

[13] Jacobs, 91.

[14] Ibid., 91n.

7.2　选择能够成功的街道

[1] Andres Duany, Elizabeth Plater-Zyberk, and Jeff Speck, *Suburban Nation*, 166.

[2] Blair Kamin, "Ohio Cap at Forefront of Urban Design Trend."

[3] Andres Duany and Jeff Speck, *The Smart Growth Manual*, Point 7.8.

[4] Rick Reilly, "Life of Reilly: Mile-High Madness."

引用文献

书籍

Alexander, Christopher. A Pattern Language. New York: Oxford University Press, 1977.

Arnold, Henry F. Trees in Urban Design, 2nd ed. New York: John Wiley, 1992.

Brand, Stewart. Whole Earth Discipline: Why Denser Cities, Nuclear Power, Transgenic Crops,Restored Wetlands and Geoengineering Are Necessary. New York: Penguin, 2009.

Buettner, Dan. The Blue Zones: Lessons for Living Longer from the People Who've Lived the Longest. Washington, D.C.: National Geographic, 2008.

_____. Thrive: Finding Happiness the Blue Zones Way. Washington, D.C.: National Geographic, 2010.

Byrne, David. Bicycle Diaries. New York: Viking, 2009.Campanella, Thomas J. Republic of Shade: New England and the American Elm. New Haven: Yale University Press, 2003.

Designing Walkable Urban Thoroughfares: A Context—Sensitive Approach: An ITE Recommended Practice. Institute of Transportation Engineers and Congress for the New Urbanism, Washington, D.C., 2010.

Duany, Andres, Elizabeth Plater—Zyberk, and Jeff Speck. Suburban Nation: The Rise of Sprawl and the Decline of the American Dream. New York: North Point Press, 2000.

Duany, Andres, and Jeff Speck. The Smart Growth Manual. New York: McGraw—Hill, 2010.

Forester, John. Bicycle Transportation, 2nd ed. Cambridge, Mass.: MIT Press, 1994.

Frumkin, Howard, Lawrence Frank, and Richard Jackson. Urban Sprawl and Public Health: Designing,Planning, and Building for Healthy Communities. Washington, D.C.: Island Press, 2004.

Gehl, Jan.Cities for People. Washington, D.C.: Island Press, 2010.

Hart, StanleyI., and Alvin L. Spivak. The Elephant in the Bedroom: Automobile Dependence and Denial: Impacts on the Economy and Environment. Pasadena, Calif.: New Paradigm Books,

1993.

Higham, Charles. Trading with the Enemy: An Expos é of the Nazi−American Money Plot, 1933−1949.New York: Delacorte Press, 1983.

Hurst, Robert. The Cyclist's Manifesto: The Case for Riding on Two Wheels Instead of Four. Helena, Mont.: Globe Pequot Press, 2009.

Illich, Ivan. Toward a History of Needs. New York: Pantheon, 1977. First published in 1973.

Jacobs, Alan. The Boulevard Book. Cambridge, Mass.: MIT Press, 2002.

———. Great Streets. Cambridge, Mass.: MIT Press, 1993.

Jacobs, Jane. Dark Age Ahead. New York: Random House, 2004.

———. The Death and Life of Great American Cities. New York: Vintage, 1961.

Koolhaas, Rem, Hans Werlemann, and Bruce Mau. S,M,L,XL. New York: Monacelli Press, 1994.

Krier, Léon. The Architecture of Community. Washington, D.C.: Island Press, 2009.

Leinberger, Christopher B. The Option of Urbanism: Investing in a New American Dream. Washington, D.C.: Island Press, 2009.

Lévy, Bernard−Henri. American Vertigo: On the Road from Newport to Guantanamo . London: GibsonSquare, 2006.

Lutz, Catherine, and Anne Lutz Fernandez. Carjacked: The Culture of the Automobile and Its Effect on Our Lives. New York: Palgrave Macmillan, 2010.

Mapes, Jeff. Pedaling Revolution: How Cyclists Are Changing American Cities. Corvallis: Oregon State University Press, 2009.

Newman, Peter, Timothy Beatley, and Heather Boyer. Resilient Cities: Responding to Peak Oil and Climate Change. Washington, D.C.: Island Press, 2009.

Nordahl, Darrin. My Kind of Transit: Rethinking Public Transportation in America. Chicago: The Center for American Places, 2008.

Owen, David. Green Metropolis: Why Living Smaller, Living Closer, and Driving Less Are the Keysto Sustainability. New York: Penguin, 2009.

Rybczynski, Witold. City Life: Urban Expectations in a New World. New York: Scribner, 1995.

_____. Makeshift Metropolis: Ideas About Cities. New York: Scribner, 2010.

Seiler, Cotton. Republic of Drivers: A Cultural History of Automobility in America. Chicago:University of Chicago Press, 2008.

Shoup, Donald. The High Cost of Free Parking. Chicago: Planners Press, 2004.

Siegel, Charles. Unplanning: Livable Cities and Political Choices. Berkeley, Calif.: The Preservation Institute, 2010.

Tamminen, Terry. Lives per Gallon: The True Cost of Our Oil Addiction. Washington, D.C.: Island Press, 2006.

Vanderbilt, Tom. Traffic: Why We Drive the Way We Do (and What It Says About Us) . New York:Knopf, 2008.

Wasik, John F. The Cul-de-Sac Syndrome: Turning Around the Unsustainable American Dream . NewYork: Bloomberg Press, 2009.

Whyte, William. City: Rediscovering the Center. New York: Doubleday, 1988.

文章和报道

AAA. "Your Driving Costs," 2010. aaa.com.

American Lung Association. "State of the Air 2011 City Rankings." state of theair.org/2011/city-rankings.

American Public Transportation Association. "Transit Ridership Report, 1st Quarter 2011."

"America's Top-50 Bike Friendly Cities." bicycling.com, undated.

Asthma and Allergy Foundation of America. "Cost of Asthma." aafa.org, undated.

Belden Russonello & Stewart Research and Communications. 2004 National Community Preference Survey, November 2004.

_____. "What Americans Are Looking for When Deciding Where to Live." 2011 Community Preference Survey, March 2011.

Benfield, Kaid. "EPA Region 7: We Were Just Kidding About That Sustainability Stuff." sustainable cities collective.com, April 18, 2011.

Bernstein, Andrea. "NYC Biking Is Up 14% from 2010; Overall Support Rises." transportationnation.org, July 28, 2011.

Berreby, David. "Engineering Terror." The New York Times, September 10, 2010.

Betz, Eric. "The First Nationwide Count of Parking Spaces Demonstrates Their Environmental Cost." The Knoxville News Sentinel, December 1, 2010.

Branyan, George. "What Is an LPI? A Head Start for Pedestrians." ddotdish.com, December 1, 2010.

Brooks, David. "The Splendor of Cities." Review of Triumph of the City by Edward L. Glaeser (NewYork: Penguin, 2011). The New York Times, February 7, 2011.

Brunick, Nicholas. "The Impact of Inclusionary Zoning on Development." Report of Business and Professional People for the Public Interest, bpichicago.org, 2004, 4.

Buiso, Gary. "Marty's Lane Pain Is Fodder for His Christmas Card." The Brooklyn Paper, December12, 2010.

_____. "Safety First! Prospect Park West Bike Lane Working." The Brooklyn Paper, January 20, 2011.Burden, Dan. "22 Benefits of Urban Street Trees." ufei.org/files/pubs/22benefits of urban street trees.pdf,May 2006.

Burden, Dan, and Peter Lagerwey. "Road Diets: Fixing the Big Roads." Walkable Communities Inc.,1999. walkable.org/assets/downloads/roaddiets.pdf.

Burke, Mia. "Joyride: Pedaling Toward a Healthier Planet." planetizen.com, February 28, 2011.

"Call for Narrower Streets Rejected by Fire Code Officials." New Urban News. bettercities. net,December 1, 2009.

Chen, Donald. "If You Build It, They Will Come … Why We Can't Build Ourselves Out of Congestion." Surface Transportation Policy Project Progress VII: 2 (March 1998): 1, 4.

Children's Safety Network. "Promoting Bicycle Safety for Children," 2. children safetynetwork. org, 2011.

Clendaniel, Morgan. "Zipcar's Impact on How People Use Cars Is Enormous." fastcompany. com, July 9, 2011.

Coder, Rim D. "Identified Benefits of Community Trees and Forests." University of Georgia study,October 1996.warnell.forestry.uga.edu/service/library/for96=039/for96=039.pdf.

Colleran, Jim. "The Worst Streets in America." planetizen.com, March 21, 2001.

Condon, Patrick. "Canadian Cities American Cities: Our Differences Are the Same." Smart Growth onthe Ground Initiative, University of British Columbia, February 2004.jtc.sala.ubc.ca/

newsroom/patrick_condon_primer.pdf.

Cortright, Joe: "Driven Apart: Why Sprawl, Not Insufficient Roads, Is the Real Cause of Traffic Congestion." CEOs for Cities, White Paper, September 29, 2010.

_____. "Portland's Green Dividend." CEOs for Cities White Paper, July 2007.

_____. "Walking the Walk: How Walkability Raises Home Values in U.S. Cities." CEOs for CitiesWhite Paper, August 2009.

Cortright, Joe, and Carol Coletta. "The Young and the Restless: How Portland Competes for Talent." Portland, Ore: Impresa, Inc., 2004.

Cox, Wendell. "DART's Billion Dollar Boondoggle." Dallas Business Journal, June 16, 2002.

Davies, Zoe G., et al. "Mapping an Urban Ecosystem Service: Quantifying Above-Ground Carbon Storage at a City-Wide Scale." Journal of Applied Ecology 48 (2011): 1125 - 34.

D.C. Surface Transit. "Value Capture and Tax-Increment Financing Options for Streetcar Construction." Report commissioned by D.C. Surface Transit from the Brookings Institution, HDR, Re-Connecting America, and RCLCO, June 2009.

DeBrabander, Firmin. "What If Green Products Make Us Pollute More?" The Baltimore Sun, June 2, 2011.

District Department of Transportation, Washington, D.C. "Capital Bikeshare Expansion Planned in the New Year," December 23, 2010.

Doherty, Patrick C., and Christopher B. Leinberger. "The Next Real Estate Boom." The Washington Monthly, November/December 2010.

Doig, Will. "Are Freeways Doomed?" salon.com, December 1, 2011.

Donovan, Geoffrey, and David Butry. "Trees in the City: Valuing Trees in Portland, Oregon." Landscapeand Urban Planning 94 (2010): 77 - 83.

Dorner, Josh. "NBC Confirms That 'Clean Coal' Is an Oxymoron." Huffington Post, November 18,2008.

Duhigg, Charles. "Saving US Water and Sewer Systems Would Be Costly." The New York Times , March14, 2010.

Dumbaugh, Eric. "Safe Streets, Livable Streets." Journal of the American Planning Association 71, no.3 (2005): 283 - 300.

Duranton, Gilles, and Matthew Turner. "The Fundamental Law of Road Congestion:

Evidence from U.S.Cities." American Economic Review 101 (2011): 2616–52.

Durning, Alan. "The Year of Living Car-lessly." daily.sightline.org, April 28, 2006.

Eckerson, Clarence, Jr. "The Phenomenal Success of Capital Bikeshare." streetfilms.org, August 2,2011.

Ehrenhalt, Alan. "The Return of the Two-Way Street." governing.org, December 2009.

El Nasser, Haya. "In Many Neighborhoods, Kids Are Only a Memory." USA Today, June 3, 2011.

Erlanger, Steven, and Maïa de la Baume. "French Ideal of Bicycle-Sharing Meets Reality." The NewYork Times, October 30, 2009.

Eversley, Melanie. "Many Cities Changing One-Way Streets Back." USA Today,December 20, 2006.

Ewing, Reid, and Robert Cervero. "Travel and the Built Environment: A Meta-Analysis." Journal of the American Planning Association 76, no. 3 (2010): 11.

Ewing, Reid, and Eric Dumbaugh. "The Built Environment and Traffic Safety: A Review of Empirical Evidence." Journal of Planning Literature 23, no. 4 (2009): 347–67.

Fallows, James. "Fifty-Nine and a Half Minutes of Brilliance, Thirty Seconds of Hauteur." theatlantic.com, July 3, 2009.

Farmer, Molly. "South Jordan Mom Cited for Neglect for Allowing Child to Walk to School." The Deseret News, December 15, 2010.

Florida, Richard. "The Great Car Reset." theatlantic.com, June 3, 2010.

Ford, Jane. "Danger in Exurbia: University of Virginia Study Reveals the Danger of Travel in Virginia." University of Virginia News, April 30, 2002.

Freemark, Yonah. "An Extensive New Addition to Dallas' Light Rail Makes It America's Longest." thetransportpolitic.com, December 5, 2010.

———. "The Interdependence of Land Use and Transportation." thetransportpolitic.com, February 5,2011.

———. "Transit Mode Share Trends Looking Steady." thetransportpolitic.com, October 13, 2010.

Freemark, Yonah, and Jebediah Reed. "Huh?! Four Cases of How Tearing Down a Highway Can Relieve Traffic Jams (and Save Your City)." infrastructurist.com, July 6, 2010.

Fremont, Calif., City of. "City Council Agenda and Report," May 3, 2011.

Fried, Ben. "What Backlash? Q Poll Finds 54 Percent of NYC Voters Support Bike Lanes." streetsblog.org, March 18, 2011.

Garrett—Peltier, Heidi. "Estimating the Employment Impacts of Pedestrian, Bicycle, and Road Infrastructure. Case Study: Baltimore." Political Economy Research Institute, University of Massachusetts, Amherst, December, 2010.

Gerstenang, James. "Cars Make Suburbs Riskier Than Cities, Study Says." The Los Angeles Times, April15, 1996.

Gladwell, Malcolm. "Blowup." The New Yorker, January 22, 1996.

Glaeser, Edward. "If You Love Nature, Move to the City." The Boston Globe, February 10, 2011.

Goodman, Christy. "Expanded Bike—Sharing Program to LinkD.C., Arlington." The Washington Post ,May 23, 2010.

Gordon, Rachel. "Parking: S.F. Releases Details on Flexible Pricing." sfgate.com, April 2, 2011.

Gotschi, Thomas, and Kevin Mills. "Active Transportation for America: The Case for Increased FederalInvestment in Bicycling and Walking." railstotrails.org, October 20, 2008.

Gros, Daniel. "Coal vs. Oil: Pure Carbon vs. Hydrocarbon." achangeinthewind.com, December 28, 2007.

Groves, Martha. "He Put Parking in Its Place." The Los Angeles Times, October 16, 2010.

Grynbaum, Michael. "Deadliest for Walkers: Male Drivers, Left Turns." The New York Times , August16, 2010.

Haddock, Mark. "SaltLake Streets Have Seen Many Changes over Past 150 Years." Deseret News, July13, 2009.

Hansen, Mark, and Yuanlin Huang. "Road Supply and Traffic in California Urban Areas." Transportation Research, part A: Policy and Practice 31, No. 3 (1997): 205 - 18.

Heller, Nathan. "The Disconnect." The New Yorker, April 16, 2012.

Holtzclaw, John. "Using Residential Patterns and Transit to Decrease Auto Dependence and Costs." Natural Resources Defense Council, 1994. docs.nrdc.org/SmartGrowth/files/ sma_09121401a.pdf.

Jackson, Richard. "We Are No Longer Creating Wellbeing." dirt.asla.org, September 12, 2010.

Jahne, Mark. "Local Officials Find Fault with Proposed Hartford–New Britain Busway." mywesthartfordlife.com, January 18, 2010.

J. D. Power and Associates. Press release, October 8, 2009.

Johnson, Kevin, Judy Keen, and William M. Welch. "Homicides Fall in Large American Cities." USAToday, December 29, 2010.

Kamin, Blair. "Ohio Cap at Forefront of Urban Design Trend." The Chicago Tribune, October 27, 2011.

Karush, Sarah. "Cities Rethink Wisdom of 50s–Era Parking Standards." USA Today , September 20, 2008.

Kazis, Noah. "East River Plaza Parking Still Really, Really Empty, New Research Shows." streetsblog.org, April 20, 2012.

_____. "New PPW Results: More New Yorkers Use It, Without Clogging the Street." streetsblog.org,December 8, 2010.

_____. "NYCHA Chairman: Parking Minimums 'Working Against Us.'" streetsblog.org, October 17, 2011.

Keates, Nancy. "A Walker's Guide to Home Buying." The Wall Street Journal, July 2, 2010.

Keen, Judy. "Seattle's Backyard Cottages Make a Dent in Housing Need." usatoday.com, May 26, 2010.

Kent, Ethan. "Guggenheim Museum Bilbao." Project for Public Spaces Hall of Shame, pps.org.

Klotz, Deborah. "Air Pollution and Its Effects on Heart Attack Risk." The Boston Globe, February 28, 2011.

Koch, Wendy. "Cities Roll Out Bike–Sharing Programs." USA Today, May 9, 2011.

Kolbert, Elizabeth. "XXXL: Why Are We So Fat?" The New Yorker, July 20, 2009.

Kolozsvari, Douglas, and Donald Shoup. "Turning Small Change into Big Changes." Access, no. 23(2003). shoup.bol.ucla.edu/Small Change.pdf.

Kooshian, Chuck, and Steve Winkelman. "Growing Wealthier: Smart Growth, Climate Change and Prosperity." Washington, D.C.: Center for Clean Air Policy, January 2011.

Kruse, Jill. "Remove It and They Will Disappear: Why Building New Roads Isn't Always the Answer." Surface Transportation Policy Project Progress VII: 2 (March 1998): 5, 7.

Kuang, Cliff. "Infographic of the Day: How Bikes Can Solve Our Biggest Problems." Co.Design, 2011.fastcodesign.com/1665634/infographic−of−the−day−how−bikes−can−solve− our−biggest−problems.

Langdon, Philip. "Parking: A Poison Posing as a Cure." New Urban News, April/May 2005.

_____. "Young People Learning They Don't Need to Own a Car." New Urban News, December 2009.

Lehrer, Jonah. "A Physicist Solves the City." The New York Times Magazine, December 17, 2010.

Leinberger, Christopher B. "Federal Restructuring of Fannie and Freddie Ignores Underlying Cause of Crisis." Urban Land, February 1, 2011.

_____. "Here Comes the Neighborhood." The Atlantic Monthly, June 2010.

_____. "Now Coveted: A Walkable, Convenient Place." The New York Times, May 25, 2012.

_____. "The Next Slum." Atlantic Monthly, March 2008.

Levey, Bob, and Jane Freundel−Levey. "End of the Roads." The Washington Post, November 26, 2000.

Lipman, Barbara J. "A Heavy Load: The Combined Housing and Transportation Costs of Working Families." Center for Housing Policy, October 2006.

Litman, Todd. "Economic Value of Walkability." Victoria Transport Policy Institute, May 21, 2010.

_____. "Rail in America: A Comprehensive Evaluation of Benefits." Victoria Transport Policy Institute,December 7, 2010.

_____. "Raise My Taxes, Please! Evaluating Household Savings from High−Quality Public Transit Service." Victoria Transport Policy Institute, February 26, 2010.

_____. "Smart Congestion Reductions: Reevaluating the Role of Highway Expansion for Improving Urban Transportation." Victoria Transport Policy Institute, February 2, 2010.

_____. "Terrorism, Transit, and Public Safety: Evaluating the Risks." Victoria Transport Policy Institute,December 2, 2005.

_____. "Whose Roads? Defining Bicyclists' and Pedestrians' Right to Use Public

Roadways." Victoria Transport Policy Institute, November 30, 2004.

Lord, Hayes A. "Cycle Tracks: Concept and Design Practices." The New York City Experience. NewYork City Department of Transportation, February 17, 2010.

LSC Transportation Consultants. "San Miguel County Local Transit and Human Service Transportation Plan. Colorado Springs, 2008."

Lyall, Sarah. "A Path to Road Safety with No Signposts." The New York Times, January 22, 2005.

Marohn, Charles. "Confessions of a Recovering Engineer." Strong Towns, November 22, 2010.strongtowns.org/journal/2010/11/22/confessions-of-a-recovering -engineer.html.

Marsh, Bill. "Kilowatts vs. Gallons." The New York Times, May 28, 2011.

Marshall, Wesley, and Norman Garrick. "Street Network Types and Road Safety: A Study of 24California Cities." Urban Design International, August 2009.

Mayer, Jane. "The Secret Sharer." The New Yorker, May 23, 2011.

McNichol, Tom. "Roads Gone Wild." Wired, December 12, 2004.

Mehaffy, Michael. "The Urban Dimensions of Climate Change." planetizen.com, November 30, 2009.

Meyer, Jeremy P. "Denver to Eliminate Diagonal Crossings at Intersections." denverpost. com, April 6, 2011.

Miller, Jon R., M. Henry Robison, and Michael L. Lahr. "Estimating Important Transportation-RelatedRegional Economic Relationships in Bexar County, Texas." VIA Metropolitan Transit, 1999.vtpi.org/modeshift.pdf.

Monroe, Doug. "Taking Back the Streets." Atlanta magazine, February 2003, 85–95.

_____. "The Stress Factor." Atlanta magazine, February 2003.

Morello, Carol, Dan Keating, and Steve Hendrix. "Census: Young Adults Are Responsible for Most of D.C.'s Growth in Past Decade." The Washington Post, May 5, 2011.

Nairn, Daniel. "New Census Numbers Confirm the Resurgence of Cities." discovering urbanism.blogspot.com, December 15, 2010.

NCHRP Report 500, "Volume 10: A Guide for Reducing Collisions Involving Pedestrians." NCHRP, 2004.

Neff, Jack. "Is Digital Revolution Driving Decline in U.S. Car Culture?" Advertising Age,

May 31, 2010.

Newcomb, Tim. "Need Extra Income? Put a Cottage in Your Backyard." time.com, May 28, 2011.

Newton, Damien. "Only in LA: DOT Wants to Remove Crosswalks to Protect Pedestrians." la.streetsblog.org, January 23, 2009.

New Urban Network. "Study: Transit Outperforms Green Buildings." bettercities.net/article/studytransit−outperforms−green−buildings−14203,undated.

Noland, Robert. "Traffic Fatalities and Injuries: The Effect of Changes in Infrastructure and Other Trends." Center for Transport Studies, London, 2002.

Noonan, Erica. "A Matter of Size." The Boston Globe, March 7, 2010. "Off with Their Heads: Rid Downtown of Parking Meters." Quad City Times editorial, August 8, 2010.

Peirce, Neal. "Biking and Walking: Our Secret Weapon?" citiwire.net, July 16, 2009.

_____. "Cities as Global Stars." Review of Triumph of the City by Edward Glaeser. citiwire.net,February 18, 2011.

Peterson, Greg. "Pharmaceuticals in Our Water Supply Are Causing Bizarre Mutations to Wildlife." alternet.com, August 9, 2007.

Pucher, John, and Ralph Buehler. "Cycling for Few or for Everyone: The Importance of Social Justice in Cycling Policy." World Transport Policy and Practice 15, no. 1 (2009): 57 − 64.

_____. "Why Canadians Cycle More Than Americans: A Comparative Analysis of Bicycling Trends and Policies." Institute of Transport and Logistics Studies, University of Sydney, Newtown, NSW,Australia. Transport Policy 13 (2006): 265 − 79.

Pucher, John, and Lewis Dijkstra. "Making Walking and Cycling Safer: Lessons from Europe." Transportation Quarterly 54, no. 3 (2000): 25−50.

"Rainfall Interception of Trees, in Benefits of Trees in Urban Areas." coloradotrees.org, undated.

Rao, Kamala. "Seoul Tears Down an Urban Highway, and the City Can Breathe Again." Grist, November4, 2011.

"Recent Lessons from the Stimulus: Transportation Funding and Job Creation." Smart Growth Americareport, February 2011.

Reilly, Rick. "Life of Reilly: Mile−High Madness." si.com, October 23, 2007.

"Removing Freeways—Restoring Cities." preservenet.com, undated.

"Research: Trees Make Streets Safer, Not Deadlier." New Urban News, bettercities.net, September 1, 2006.

Reynolds, Gretchen. "What's the Single Best Exercise?" The New York Times Magazine , April 17, 2011.

Rogers, Shannon H., John M. Halstead, Kevin H. Gardner, and Cynthia H. Carlson. "Examining Walkability and Social Capital as Indicators of Quality of Life at the Municipal and Neighborhood Scales." Applied Research in the Quality of Life 6, no. 2 (2010): 201–53.

Sack, Kevin. "Governor Proposes Remedy for Atlanta Sprawl." The New York Times , January 26, 1999: 14.

Salta, Alex. "Chicago Sells Rights to City Parking Meters for $1.2 Billion." ohmygov.com, December 24, 2008.

Salzman, Randy. "Build More Highways, Get More Traffic." The Daily Progress, December 19, 2010.Schwartzman, Paul. "At Columbia Heights Mall, So Much Parking, So Little Need." The Washington Post, October 8, 2009.

Shorto, Russell. "The Dutch Way: Bicycles and Fresh Bread." The New York Times, July 30, 2011.

Smiley, Brett. "Number of New Yorkers Commuting on Bikes Continues to Rise." New York, December8, 2011. With link to New York City Department of Transportation press release.

Smith, Rick. "Cedar Rapids Phasing Out Back-In Angle Parking." The Gazette, June 9, 2011.

Snyder, Tanya. "Actually, Highway Builders, Roads Don't Pay for Themselves." dc.streetsblog.org,January 4, 2011.

Sottile, Christian. "One-Way Streets: Urban Impact Analysis." Commissioned by the City of Savannah, as yet unpublished.

Speck, Jeff. "Our Ailing Communities: Q&A: Richard Jackson." metropolismag.com, October 11, 2006. "Status of North American Light Rail Projects." lightrailnow.org, 2002.

Stutzer, Alois, and Bruno S. Frey. "Stress That Doesn't Pay: The Commuting Paradox." Institute for Empirical Work in Economics, University of Zurich, Switzerland,ideas.repec.org/p/zur/iewwpx/151.html.

Summers, Nick. "Where the Neon Lights Are Bright—and Drivers Are No Longer Welcome." Newsweek, February 27, 2009.

Swartz, Jon. "San Francisco's Charm Lures High-Tech Workers." USA Today, December 6, 2010. The Segmentation Company, "Attracting College-Educated, Young Adults to Cities." Prepared for CEOs for Cities, May 8, 2006.

Transportation for America. Dangerous by Design 2011. Undated.

Troianovski, Anton. "Downtowns Get a Fresh Lease." The Wall Street Journal, December 13, 2010.

Turner, Chris. "The Best Tool for Fixing City Traffic Problems? A Wrecking Ball." Mother Nature Network, mnn.com, April 15, 2011.

_____. "What Makes a Building Ugly?" Mother Nature Network, mnn.com, August 5, 2011. "2010 Quality of Living Worldwide City Rankings." Mercer.com. "2010 Urban Mobility Report." Texas Transportation Institute, Texas A&M University, 2010.

Twyman, Anthony S. "Greening Up Fertilizes Home Prices, Study Says." The Philadelphia Inquirer, January 10, 2005.

Ulrich, R. S., et al. "View Through a Window May Influence Recovery from Surgery." Science 224, 420 (1984): 420–21.

U.S. Department of Agriculture. "Benefits of Trees in Urban Areas." Forest Service Pamphlet #FS-363.

U.S. Environmental Protection Agency. "Location Efficiency and Housing Type—Boiling It Down to BTUs." USEPA Report prepared by Jonathan Rose Associates, March 2011.

U.S. Government Accounting Office. "Bus Rapid Transit Shows Promise." September 2001. "The Value of Trees to a Community." Arbor Day Foundation, arborday.org /trees/benefits.cfm.

Van Gleson, John. "Light Rail Adds Transportation Choices on Common Ground." National Associationof Realtors (2009): 4–13.

Vlahos, James. "Is Sitting a Lethal Activity?" The New York Times Magazine, April 14, 2011.

Walljasper, Jay. "Cycling to Success: Lessons from the Dutch." citiwire.net, September 23, 2010.

_____. "The Surprising Rise of Minneapolis as a Top Bike Town." citiwire.net, October 22, 2011.

Washington, D.C., Economic Partnership. "2008 Neighborhood Profiles—Columbia Heights."

Whitman, David. "The Sickening Sewer Crisis in America." aquarain.com, undated.

Wieckowski, Ania. "The Unintended Consequences of Cul-de-Sacs." Harvard Business Review, May 2010.

Yardley, William. "Seattle Mayor Is Trailing in the Early Primary Count." The New York Times , August 19, 2009.

Yen, Hope. "Suburbs Lose Young Whites to Cities: Younger, Educated Whites Moving to Urban Areasfor Homes, Jobs." Associated Press, May 9, 2010.

广播，电视，电影和幻灯片

A Convenient Remedy. Congress for the New Urbanism video.

Aubrey, Allison. "Switching Gears: More Commuters Bike to Work." NPR Morning Edition, November29, 2010.

Barnett, David C. "A Comeback for Downtown Cleveland." NPR Morning Edition, June 11, 2011.

Equilibrium Capital. "Streetcars' Economic Impact in the United States." PowerPoint presentation, May 26, 2010.

Gabriel, Ron. "3-Way Street by ronconcocacola." Vimeo.WebMD. "10 Worst Cities for Asthma." Slideshow. webmd.com/asthma/slideshow-10-worst-cities-forasthma.

讲座和会议

Brooks, David. Lecture. Aspen Institute, March 18, 2011.

Frank, Lawrence. Lecture to the 18th Congress for the New Urbanism, Atlanta, Georgia, May 20, 2010.

Gladwell, Malcolm. Remarks. Downtown Partnership of Baltimore Annual Meeting, November 17, 2010.

Hales, Charles. Presentation at Rail-Volution, October 18, 2011.

Livingstone, Ken. Winner commentary by Mayor of London. World Technology Winners and Finalists, World Technology Network, 2004.

Parolec, Daniel. Presentation to the Congress for the New Urbanism, June 2, 2011.

Ronkin, Michael. "Road Diets." PowerPoint presentation, New Partners for Smart Growth, February 10, 2007.

Speck, Jeff. "Six Things Even New York Can Do Better." Presentation to New York City Planning Commission, January 4, 2010.

网站

20's Plenty for Us: 20splentyforus.org.uk.

American Dream Coalition: americandreamcoalition.org.

Better! Cities & Towns: Walkable Streets (source of many quotes): bettercities.net/walkable-streets.

Brookings VMT Cities Ranking: scribd.com/doc/9199883/Brookings-VMT-Cities-Ranking.

Dallas Area Rapid Transit: dart. org.

Dom's Plan B Blog: http://domz60. wordpress.com/quotes/.

Jane's Walk: janeswalk.net.

Kaufman, Kirsten: bikerealtor.com.

Lonely Planet readers poll: Top 10 Walking Cities. lonelyplanet.com/blog/2011/03/07/top-cities-to-walk-around/.

Mercer.com: Quality of Living Worldwide City Rankings 2010.

Million Trees NYC: milliontreesnyc.org.

Urban Audit: urbanaudit.org.

Walk Score: walkscore.com.

图像

Poster, Intelligent Cities Initiative, National Building Museum, Washington, D.C.

索引